水利水电工程
施工安全防护设施建设指南

无锡国富通科技集团有限公司　组编

SHUILI SHUIDIAN GONGCHENG

SHIGONG ANQUAN FANGHU SHESHI

JIANSHE ZHINAN

中国水利水电出版社
www.waterpub.com.cn
·北京·

内 容 提 要

本书介绍了适用于水利水电工程新建、扩建、改建及维修加固工程施工现场的安全防护设施的类型、构造及其设置、使用的相关要求，以及将水利水电工程安全防护设施标准化建设与水利建设工程文明标化工地建设相结合的经验。

本书内容符合国家和行业有关规范，图文结合、通俗直观，对水利水电工程施工安全防护设施和文明施工建设具有很强的指导性、针对性和可操作性，可作为水利水电施工企业安全生产标准化建设指导用书和培训教材。

图书在版编目（ＣＩＰ）数据

水利水电工程施工安全防护设施建设指南 / 无锡国富通科技集团有限公司组编. -- 北京：中国水利水电出版社，2023.7
ISBN 978-7-5226-1555-4

Ⅰ．①水… Ⅱ．①无… Ⅲ．①水利水电工程－工程施工－安全设备－基础设施建设－中国－指南 Ⅳ．①TV513-62

中国国家版本馆CIP数据核字(2023)第106510号

书　　名	**水利水电工程施工安全防护设施建设指南** SHUILI SHUIDIAN GONGCHENG SHIGONG ANQUAN FANGHU SHESHI JIANSHE ZHINAN	
作　　者	无锡国富通科技集团有限公司　组编	
出版发行	中国水利水电出版社 （北京市海淀区玉渊潭南路 1 号 D 座　100038） 网址：www. waterpub. com. cn E-mail：sales@mwr. gov. cn 电话：(010) 68545888（营销中心）	
经　　售	北京科水图书销售有限公司 电话：(010) 68545874、63202643 全国各地新华书店和相关出版物销售网点	
排　　版	中国水利水电出版社微机排版中心	
印　　刷	北京印匠彩色印刷有限公司	
规　　格	184mm×260mm　16 开本　12.75 印张　310 千字	
版　　次	2023 年 7 月第 1 版　2023 年 7 月第 1 次印刷	
印　　数	0001—1500 册	
定　　价	**80. 00 元**	

编 委 会

李晨晨	山东富诚工程施工有限公司
张志建	浙江宏力阳生态建设股份有限公司
毛云龙	宁波广域建设有限公司
王研博	新疆金润新水利工程有限责任公司
兰海洋	石河子西域水利水电建筑安装工程有限责任公司
曹雄明	新疆新淼建设工程有限公司
陈利薇	丽水广盛建设有限公司
奚商桑	芜湖万永建筑工程有限公司
张 薇	安徽富达建设工程有限公司
丁 婷	青岛安坤建筑工程有限公司
陈宏伟	丽水广诚建设有限公司
贾有鑫	宁夏城科达建设工程有限公司
赵 燕	新疆万安工程建设有限公司
翟长风	青岛海誉水利水电工程开发有限公司
邓珊珊	陕西天海水电工程有限公司
秦 丹	新疆泰冶建设工程有限责任公司
高泽超	新疆驰航工程管理咨询有限公司
李 园	山东省济南市引黄济青建筑安装总公司
李 斌	云程环境建设集团有限公司
蔺少峰	宁夏新建设水利电力工程有限公司
郑 敏	宁夏鹏特吉瑞建设有限公司
张小平	安徽东方华宸建设有限公司
赵宏兰	山西省晋中市水利建筑工程总公司
付培禄	河南景帆建筑工程有限公司
舒 红	中晟玖大建筑工程集团有限公司
邵燕杰	河南鼎承水利工程有限公司

前　言

　　兴水利，除水害是治国安邦的大事。神州大地富饶美丽、历久弥新，中华民族生生不息、长盛不衰，都与大兴水利密切相关。公元前250多年兴建的都江堰、始建于公元前486年的京杭大运河等大型水利工程至今还发挥着重要作用，这就是最好的见证。新中国成立以后建成的以三峡水利枢纽工程、南水北调工程为代表的水利工程，在我国国计民生中发挥的重大作用更是举世瞩目。

　　当前，我国已迈上以中国式现代化全面推进中华民族伟大复兴的新征程。习近平总书记从党和国家事业发展全局的高度，亲自确立国家"江河战略"，亲自谋划完善网络型水利基础设施体系、构建国家水网、提升流域设施数字化、网络化、智能化水平等战略任务。水利建设事业必须坚定不移地推动新阶段水利高质量发展，着力提升水旱灾害防御能力、水资源优化配置能力、水资源集约节约利用能力、大江大河大湖生态保护治理能力，加快推动水利现代化、系统化、智能化、法治化进程。

　　在新阶段水利高质量发展期，在实施"以流域为单元，筑牢防御水旱灾害防线""加快建设国家水网，完善水资源调配格局""加强农村水利建设，夯实乡村振兴水利基础"等工作中，必将兴建一批水利水电工程。由于水利水电工程在施工过程中涉及的单位较多，影响范围比较广，对象比较复杂；施工现场分散，设备和材料大多都暴露在室外，大部分施工现场都在自然环境较为恶劣的野外，施工单位的作业条件、生活条件等相对较差，且存在着很大的安全隐患。特别是大中型水利工程一般都包含高边坡、基坑作业，洞室作业，爆破、拆除作业，水上水下作业，高处作业，起重吊装作业，临近带电体作业，焊接作业，交叉作业，有（受）限空间作业等不同数量的高风险作业。因此，确保水利水电工程施工安全是水利水电施工企业的首要任务。

　　水利水电工程施工现场安全防护设施标准化建设是实现"从源头上防范化解重大安全风险，真正把问题解决在萌芽之时、成灾之前"、确保水利水电工程施工安全的重要措施之一。为此，国家能源局制定了《水电水利工程施工安全防护设施技术规范》(DL 5162—2013)、水利部制定了《水利水电工程施工安全防护设施技术规范》(SL 714—2015)。水利部印发的《水利水电施工企业安全生产标准化评审标准》对此也提出了明确要求：一是制定包括施工现场安全和职业病危害警示标志、标牌的采购、制作、安装和维护等内容的管理制度。二是按照规定和场所的安全风险特点，在有重大危险源、较大危险因素和严重职业病危害因素的场所（包括施工起重机械、临时供用电设施、脚手架、出入通道口、楼梯口、电梯井口、孔洞口、桥梁口、隧道口、陡坡边缘、变压器配电房、爆破物品库、油品库、危险有害气体和液体存放处等）及危险作业现场（包括爆破作业、大型设备设施安装或拆除作业、起重吊装作业、高处作业、水上作业、设备设施维修作业等），应设置明显的安全警示标志和职业病危害警示标识，告知危险的种类、后果及应急措施等，危险处所夜间应设红灯示警；在危险作业现场设置警戒区、安全隔离设施，并安排专人现场监护。三是定期对警示标志进行检查维护，确保其完好有效。一些地区还将此纳入文明工地建设的重要内容。如浙江省水利厅在《浙江省水利建设工程文明标化工地创建指导手册》中，不仅将施工现场（生产区）安全防护设施建设纳入文明标化工地建设内容，还对施工工地办公区、生活区等区域的防护设施，警示、禁止、提示、明示、指令各类标识牌的标准化建设提出了要求。

近几年，无锡国富通科技集团有限公司、无锡国富安安全技术咨询服务有限公司，在水利水电施工企业创建标准化单位的咨询服务中，见证了在水利水电工程施工现场设置的各类防护设施，对施工人员规范操作、防范各类风险和事故、保障施工人员生命安全，保障工程安全建设的重要作用；见证了各类精神文明方面的宣传园地、办公区标准化设施建设，在振奋施工人员精神、彰显施工企业优良形象的显著效果。为了促进水利水电施工企业施工现场防护设施标准化建设，无锡国富通科技集团有限公司特邀三峡大学、新华水利控股集团有限公司的专家，组织从事水利水电工程施工的部分企业，依照国家和水利行业的有关法规，总结相关地区和企业的经验，编写了《水利水电工程施工安全防护设施建设指南》。

由于主客观条件的局限性，本书难免有一些疏漏和不当之处，恳请读者批评指正。

编者

2023 年 3 月

目 录

第一章

施工安全防护设施标准化建设
的重要作用

水利水电工程是我国国民经济的基础设施。水利水电工程建设中，从业人员众多，安全状况不容乐观。对众多施工安全事故分析表明，施工现场安全防护设施不完善，是导致事故的重要原因之一。加强施工现场的安全防护设施标准化建设，是确保工程施工安全建设的重要举措，是安全生产标准化单位建设的重要内容，是"水利文明建设工地"建设的重要组成部分。

第一节　确保工程安全建设的重要举措

安全生产是我国的一项长期基本国策，是保护劳动者的安全、健康和国家财产，促进社会生产力发展的基本保证。《中华人民共和国安全生产法》确定了"安全第一、预防为主、综合治理"的安全生产管理基本方针。

党的十八大以来，习近平总书记高度重视安全生产工作，作出了一系列重要论述。2020年4月，习近平总书记强调，生命重于泰山。各级党委和政府务必把安全生产摆到重要位置，树牢安全发展理念，绝不能只重发展不顾安全，更不能将其视作无关痛痒的事，搞形式主义、官僚主义。2016年7月，习近平总书记对加强安全生产和汛期安全防范工作作出重要指示，强调指出，安全生产是民生大事，一丝一毫不能放松，要以对人民极端负责的精神抓好安全生产工作，站在人民群众的角度想问题，把重大风险隐患当成事故来对待，守土有责，敢于担当，完善体制，严格监管，让人民群众安心放心。经济社会发展的每一个项目、每一个环节都要以安全为前提，不能有丝毫疏漏。2019年11月，习近平总书记在中央政治局第十九次集体学习时指出，要健全风险防范化解机制，坚持从源头上防范化解重大安全风险，真正把问题解决在萌芽之时、成灾之前。

我国是水害灾害频发的国家，大江大河的洪水灾害是心腹之患，干旱缺水是国民经济发展的瓶颈。兴水利除水害是千秋万代的事业。为此，每年我国都要兴建各种水利水电工程。由于我国水利水电工程大都兴建在气象、水文、地质等自然条件比较差的地方，规模较大，结构复杂，往往涉及高边坡、基坑、洞室、爆破、拆除、水上水下、高处、起重机吊装、焊接、交叉、有（受）限空间等危险作业，难度大、风险大，因此，确保水利水电工程施工安全尤为重要。

水利水电工程施工安全防护设施标准化建设，是贯彻执行"安全第一、预防为主、综合治理"安全生产管理基本方针、落实习近平总书记"要健全风险防范化解机制，坚持从源头上防范化解重大安全风险，真正把问题解决在萌芽之时、成灾之前"等重要指示、确保水利水电工程施工安全建设的重要举措。

施工安全防护设施凭着其"防"的作用，实现"预防为主"；凭着其"护"的作用，实现"从源头上防范化解重大安全风险，真正把问题解决在萌芽之时、成灾之前"。

通过安全防护设施标准化建设，建立安全防护设施的标准及其监管体系，实现安全防护设施建设规范化、科学化和系统化，从根本上营造施工安全环境，为广大施工人员的生命保驾护航，减少安全事故的发生，减少安全损失，确保水利水电工程建设顺利进行，不仅利国利民，对施工企业提高经济效益和社会影响力、市场竞争力都大有益处。

国家有关部门非常重视水利水电工程施工安全防护设施标准化建设，水利部于 2015 年 5 月 22 日发布了《水利水电工程施工安全防护设施技术规范》（SL 714—2015）。国家能源局于 2013 年 11 月 28 日发布了电力行业标准《水电水利工程施工安全防护设施技术规范》（DL 5162—2013）。

第二节 安全生产标准化建设的重要内容

安全生产标准化是指通过建立安全生产责任制，制定安全管理制度和操作规程，排查治理隐患和监控重大危险源，建立预防机制，规范生产行为，使各生产环节符合有关安全生产法律法规和标准规范的要求，人员、机器、物品、环境处于良好的生产状态，并持续改进，不断加强企业安全生产规范化建设。这一定义涵盖了企业安全生产工作的全局，是企业开展安全生产工作的基本要求和衡量尺度，也是企业加强安全管理的重要方法和手段。

安全标准化主要内容有组织机构、安全投入、安全管理制度、人员教育培训、设备设施运行管理、作业安全管理、隐患排查和治理、重大危险源监控、职业健康、应急救援、事故的报告和调查处理、绩效评定和持续改进等方面，其内涵体现了"安全第一、预防为主、综合治理"的方针和"以人为本"的科学发展观，强调企业安全生产工作的规范化、科学化、系统化和法制化，强化风险管理和过程控制，注重绩效管理和持续改进，符合安全管理的基本规律，代表了现代安全管理的发展方向，是先进安全管理思想与我国传统安全管理方法、企业具体实际的有机结合，有效提高企业安全生产水平，从而推动我国安全生产状况的根本好转。

2011 年 7 月 6 日，水利部关于印发水利行业开展安全生产标准化建设实施方案的通知，揭开了水利行业开展安全生产标准化建设的序幕。之后又陆续出台了《水利安全生产标准化评审暂行管理办法》（水安监〔2013〕189 号）、《水利安全生产标准化评审暂行管理办法实施细则》（办安监〔2013〕168 号）、《水利水电施工企业安全生产标准化评审标准》（办安监〔2018〕52 号）。2020 年 2 月 13 日，水利部发布了水利行业标准《水利安全生产标准化通用规范》（SL/T 789—2019）。

施工安全防护设施标准化建设与施工企业安全生产标准化建设的目标一致，都是为了保证工程建设的安全。施工安全防护设施标准化建设着重解决工程建设过程中的安全防护问题，是施工企业安全生产标准化建设的重要内容。所以，在《水利水电施工企业安全生产标准化评审标准》（办安监〔2018〕52号）和《水利安全生产标准化通用规范》（SL/T 789—2019）中，都将安全防护设施、警示标志等作为重要内容。

现将《水利水电施工企业安全生产标准化评审标准》中对安全防护设施提出的具体要求详细介绍如后。

在二级"2. 制度化管理"评审项目中，涉及安全防护设施三级评审项目1项。

2.2.1　及时将识别、获取的安全生产法律法规和其他要求转化为本单位规章制度，结合本单位实际，建立健全安全生产规章制度体系。

规章制度应包括但不限于：……23. 安全警示标志管理……

在二级"4. 现场管理"评审项目中，涉及安全防护设施的三级评审项目共22项。

4.1　设备设施管理

防护罩、盖板、爬梯、护栏等防护设施完备可靠；设备醒目的位置悬挂有标识牌。（4.1.7 设备性能及运行环境）

建设项目安全设施必须执行"三同时"制度；临边、沟、坑、孔洞、交通梯道等危险部位的栏杆、盖板等设施齐全、牢固可靠；高处作业等危险作业部位按规定设置安全网等设施；施工通道稳固、畅通；垂直交叉作业等危险作业场所设置安全隔离棚；机械、传送装置等的转动部位安装可靠的防护栏、罩等安全防护设施；临水和水上作业有可靠的救生设施；暴雨、台风、暴风雪等极端天气前后组织有关人员对安全设施进行检查或重新验收。（4.1.10 安全设施管理）

4.2　作业安全

施工现场道路（桥梁）符合规范要求，交通安全防护设施齐全可靠，警示标志齐全完好。（4.2.6 交通安全管理）

按照有关法律法规、技术标准进行高边坡、基坑作业。根据施工现场实际编制专项施工方案或作业指导书，经过审批后实施；施工前，在地面外围设置截、排水沟，并在开挖开口线外设置防护栏，危险部位应设置警示标志；排架、作业平台搭设稳固，底部生根，杆件绑扎牢固，脚手板应满铺，临空面设置防护栏杆和防护网；自上而下清理坡顶和坡面松碴、危石、不稳定体，不在松碴、危石、不稳定体上或下方作业；垂直交叉作业应设隔离防护棚，或错开作业时间；对断层、裂隙、破碎带等不良地质构造的高边坡，按设计要求采取支护措施，并在危险部位设置警示标志；严格按要求放坡，作业时随时注意边坡的稳定情况，发现问题及时加固处理；人员上下高边坡、基坑走专用爬梯；安排专人监护、巡视检查，并及时进行分析、反馈监护信息；高处作业人员同时系挂安全带和安全绳。（4.2.9 高边坡、基坑作业）

按照有关法律法规、技术标准进行洞室作业。根据现场实际制定专项施工方案；进洞前，做好坡顶坡面的截水排水系统；Ⅲ、Ⅳ、Ⅴ类围岩开挖除对洞口进行加固外，应在洞口设置防护棚；洞口边坡上和洞室的浮石、危石应及时处理，并按要求及时支护；交叉洞室在贯通前优先安排锁口锚杆的施工；位于河水位以下的隧洞进、出口，应设置围堰或预留岩坎等防止水淹洞室的措施；洞内渗漏水应集中引排处理，排水通畅；有瓦斯等有害气体的防治措施；按要求布置安全监测系统，及时进行监测、分析、反馈观测资料，并按规定进行检查；遇到不良地质地段开挖时，采取浅钻孔、弱爆破、多循环，尽量减少对围岩的扰动，并及时进行支护。（4.2.10 洞室作业）

影响区采取相应安全警戒和防护措施，作业时有专人现场监护。（4.2.11 爆破、拆除作业）

水上作业有稳固的施工平台和梯道，平台不得超负荷使用；临水、临边设置牢固可靠的栏杆和安全网；平台上的设备固定牢固，作业用具应随手放入工具袋；作业平台上配齐救生衣、救生圈、救生绳和通信工具；施工平台、船舶设置明显标识和夜间警示灯；建立畅通的水文气象信息渠道；作业人员正确穿戴救生衣、安全帽、防滑鞋、安全带。（4.2.12 水上水下作业）

在坝顶、陡坡、悬崖、杆塔、吊桥、脚手架、屋顶以及其他危险边沿进行悬空高处作业时，临空面搭设安全网或防护栏杆，且安全网随着建筑物升高而提高；登高作业人员正确佩戴和使用劳动防护用品、用具，作业前应检查作业场所安全措施落实情况；有坠落危险的物件应固定牢固，无法固定的应先行清除或放置在安全处；雨天、雪天高处作业，应采取可靠的防滑、防寒和防冻措施。（4.2.13 高处作业）

起重吊装作业区域应设置警戒线，并安排专人进行监护。（4.2.14 起重吊装作业）

作业前编制专项施工方案或安全防护措施，向作业人员进行安全技术交底，并办理安全施工作业票，安排专人现场监护；电气作业人员应持证上岗并按操作规程作业；作业时施工人员、机械与带电线路和设备的距离应大于最小安全距离，并有防感应电措施；当小于最小安全距离时，应采取绝缘隔离的防护措施，并悬挂醒目的警告标志，当防护措施无法实现时，应采取停电等措施。（4.2.15 临近带电体作业）

焊接作业人员持证上岗，按规定正确佩戴个人防护用品，严格按操作规程作业；进行焊接、切割作业时，有防止触电、灼伤、爆炸和引起火灾的措施，并严格遵守消防安全管理规定；焊接作业结束后，作业人员清理场地、消除焊件余热、切断电源，仔细检查工作场所周围及防护设施，确认无起火危险后离开。（4.2.16 焊接作业）

垂直交叉作业应搭设严密、牢固的防护隔离设施。（4.2.17 交叉作业）

必须配备个人防中毒窒息等防护装备，严禁无防护监护措施作业；作业现场应设置安全警示标识，应有监护人员；制定应急措施，现场必须配备应急装备，科学施救。
[4.2.18 有（受）限空间作业]

4.3 职业健康

4.3.1 建立职业健康管理制度，明确职业危害的管理职责、作业环境、"三同时"、劳动防护品及职业病防护设施、职业健康检查与档案管理、职业危害告知、职业病申报、职业病治疗和康复、职业危害因素的辨识、监测、评价和控制的职责和要求。

4.3.3 为从业人员提供符合职业健康要求的工作环境和条件，配备相适应的职业健康防护用品。在产生职业病危害的工作场所应设置相应的职业病防护设施。

4.3.5 在可能发生急性职业危害的有毒、有害工作场所，设置报警装置，制定应急处置方案，现场配置急救用品、设备，并设置应急撤离通道。

4.3.6 各种防护用品、器具定点存放在安全、便于取用的地方，建立台账，并指定专人负责保管防护器具，并定期校验和维护，确保其处于正常状态。

4.3.9　与从业人员订立劳动合同时，如实告知作业过程中可能产生的职业危害及其后果、防护措施等。

4.3.10　对接触严重职业危害的作业人员进行警示教育，使其了解施工过程中的职业危害、预防和应急处理措施；在严重职业危害的作业岗位，设置警示标识和警示说明，警示说明应载明职业危害的种类、后果、预防以及应急救治措施。

4.4　警示标志

4.4.1　制定包括施工现场安全和职业病危害警示标志、标牌的采购、制作、安装和维护等内容的管理制度。

4.4.2　按照规定和场所的安全风险特点，在有重大危险源、较大危险因素和严重职业病危害因素的场所（包括施工起重机械、临时供用电设施、脚手架、出入通道口、楼梯口、电梯井口、孔洞口、桥梁口、隧道口、陡坡边缘、变压器配电房、爆破物品库、油品库、危险有害气体和液体存放处等）及危险作业现场（包括爆破作业、大型设备设施安装或拆除作业、起重吊装作业、高处作业、水上作业、设备设施维修作业等），应设置明显的安全警示标志和职业病危害警示标识，告知危险的种类、后果及应急措施等，危险处所夜间应设红灯示警；在危险作业现场设置警戒区、安全隔离设施，并安排专人现场监护。

4.4.3　定期对警示标志进行检查维护，确保其完好有效。

在二级"5.安全风险管控及隐患排查治理"评审项目中，涉及三级评审项目有4项。

5.1.4　根据评估结果，确定安全风险等级，实施分级分类差异化动态管理，制定并落实相应的安全风险控制措施（包括工程技术措施、管理控制措施、个体防护措施等），对安全风险进行控制。

5.2.3　针对重大危险源制定防控措施，明确责任部门和责任人，并登记建档。

5.2.4　按照国家有关规定，定期对重大危险源的安全设施和安全监测监控系统进行检测、检验，并进行经常性维护、保养，保证安全设施和安全监测监控系统有效、可靠运行。维护、保养、检测应当作好记录，并由有关人员签字。

5.2.6　在重大危险源现场设置明显的安全警示标志和警示牌。警示牌内容应包括危险源名称、地点、责任人员、可能的事故类型、控制措施等。

第三节　文明施工建设的重要组成部分

1998年4月，在贯彻《中共中央关于加强社会主义精神文明建设若干重要问题的决议》和党的十五大精神的热潮中，水利部建设司、人事劳动教育司、精神文明建设指导委员会办公室联合决定从1998年起评选水利系统文明建设工地，由此兴起了水利文明建设工地创建活动，并得到水利部黄河水利委员会、淮河水利委员会、湖北省、安徽省、福建省、浙江省、河南省、山东省、广西壮族自治区等的热烈响应。虽然水利系统文明建设工地按中央有关政策规定已经停止评选，但部分地区的水利文明建设工地创建活动仍在开展。

各级水利部门开展水利文明建设工地创建活动都把全面提高干部职工的思想道德素

质和科学文化水平，充分调动各参建单位和全体建设者的积极性，大力倡导文明施工、安全施工，营造和谐建设环境，确保工程安全、资金安全、干部安全、生产安全，更好地发挥水利工程在国民经济和社会发展中的重要支撑作用作为文明工地创建活动的重要任务。

各地制定的水利工程建设文明工地标准大同小异。以河南省为例，其创建标准有以下六项。

（1）体制机制健全。工程基本建设程序规范；项目法人责任制、招标投标制、建设监理制和合同管理制落实到位；建设管理内控机制健全。

（2）质量管理到位。质量管理体制完善，质量保证体系和监督体系健全，参建各方质量主体责任落实，严格开展质量检测、质量评定、验收管理规范；工程质量隐患排查到位，质量风险防范措施有力，工程质量得到有效控制；质量档案管理规范，归档及时完整，材料真实可靠。

（3）安全施工到位。安全生产责任制及规章制度完善；事故应急预案针对性、操作性强；施工各类措施和资源配置到位；施工安全许可手续健全，持证上岗到位；施工作业严格按相关规程规范进行，定期开展安全生产检查和隐患排查，安全生产隐患整改及时到位，无安全生产事故发生。

（4）环境和谐有序。施工现场布置合理有序，材料、设备堆停管理到位；施工道路布置合理，维护常态跟进，交通顺畅；办公区、生活区场所整洁、卫生，安全保卫及消防措施到位；工地生态环境建设有计划、有措施、有成果；施工粉尘、噪声、污染等防范措施得当。

（5）文明风尚良好。参建各方关系融洽，精神文明建设组织、措施、活动落实；职工理论学习、思想教育、法制教育常态化、制度化，教育、培训效果好，践行敬业、诚信精神；工地宣传、激励形式多样，安全文明警示标牌等醒目；职工业余文体活动丰富，队伍精神面貌良好；加强党风廉政建设，严格监督、遵纪守法教育有力，保证干部安全有手段。

（6）创建措施有力。文明工地创建计划方案周密组织到位，制度完善，措施落实；文明工地创建参与面广，活动形式多样，创建氛围浓厚；创建内容、手段、载体新颖，考核激励有效。

分析上述标准内容可以看出，河南省创建的标准都与安全施工密切相关。其中"质量管理到位"中的"工程质量隐患排查到位，质量风险防范措施有力""安全施工到位"及"环境和谐有序"中的所有内容、"文明风尚良好"中的"工地宣传、激励形式多样，安全文明警示标牌等醒目"直接涉及施工安全防护设施建设。所以，施工安全防护标准化建设是水利文明施工单位建设的重要组成部分。

安全防护标准化建设对文明施工单位建设的促进作用主要体现在以下两个方面：

一是为安全施工到位提供精神和物质保障。安全防护设施标准化建设通过学习贯彻党和国家有关安全生产的方针政策，落实企业安全防护主体责任，建立健全完善各种安全防护设施及其使用制度，使建设工地的建设人员增强安全生产意识，提高建好、用好、保护好、维护好各种施工安全防护设施的自觉性，从而保障人员生命安全和工程建设安全，实现工程保质保量如期顺利建成的目标。

二是为环境和谐有序、文明风尚良好增光添彩。施工安全防护设施是施工现场的重要设施，大多数为保护人身安全的设施，是施工现场相对固定的设施。在遵守相关规范的前提下，合理有序地布放这些设施，会达到美化环境、陶冶情操的效果。

第四节　施工安全防护设施标准化建设的措施

一、以习近平总书记关于安全生产的重要指示为指针

党的十八大以来，习近平总书记高度重视安全生产工作，作出一系列关于安全生产的重要论述，一再强调要统筹发展和安全。主要有：

生命重于泰山。各级党委和政府务必把安全生产摆到重要位置，树牢安全发展理念，绝不能只重发展不顾安全，更不能将其视作无关痛痒的事，搞形式主义、官僚主义。

1. 2020 年 4 月，习近平总书记对安全生产作出重要指示强调

要加强安全生产监管，分区分类加强安全监管执法，强化企业主体责任落实，牢牢守住安全生产底线，切实维护人民群众生命财产安全。

要坚持总体国家安全观，坚持底线思维，坚决维护国家安全。要毫不放松抓好常态化疫情防控，有效遏制重特大安全生产事故，推动扫黑除恶常态化，深化政法队伍教育整顿，保持社会大局和谐稳定。

2. 2021 年 6 月，习近平总书记在青海考察时强调

要健全风险防范化解机制，坚持从源头上防范化解重大安全风险，真正把问题解决在萌芽之时、成灾之前。

3. 2019 年 11 月，习近平总书记在中央政治局第十九次集体学习时强调

各级党委和政府要切实担负起"促一方发展、保一方平安"的政治责任，严格落实责任制。

要加强交通运输、消防、危险化学品等重点领域安全生产治理，遏制重特大事故的发生。

4. 2017 年 2 月，习近平总书记主持召开国家安全工作座谈会强调

安全生产是民生大事，一丝一毫不能放松，要以对人民极端负责的精神抓好安全生产工作，站在人民群众的角度想问题，把重大风险隐患当成事故来对待，守土有责，敢于担当，完善体制，严格监管，让人民群众安心放心。

5. 2016 年 7 月，习近平总书记对加强安全生产和汛期安全防范工作作出重要指示强调

各级党委和政府特别是领导干部要牢固树立安全生产的观念，正确处理安全和发展的关系，坚持发展决不能以牺牲安全为代价这条红线。

经济社会发展的每一个项目、每一个环节都要以安全为前提，不能有丝毫疏漏。

要做到"一厂出事故、万厂受教育，一地有隐患、全国受警示"。

6. 2013 年 11 月，习近平总书记在青岛黄岛经济开发区考察输油管线泄漏引发爆燃事故抢险工作时指出

人命关天，发展绝不能以牺牲人的生命为代价。这必须作为一条不可逾越的红线。

7. 2013 年 6 月，习近平总书记就做好安全生产工作作出重要指示指出

水利水电工程施工安全防护设施标准化建设，是保障水利水电工程建设安全生产的重要组成部分，我们要认真学习、深刻领会、全面贯彻落实习近平总书记的上述指示精神，通过施工安全防护设施标准化建设，实现"从源头上防范化解重大安全风险，真正把问题解决在萌芽之时、成灾之前"的目标。

二、以有关安全生产的法律法规为依据

为了加强安全生产工作，防止和减少生产安全事故，保障人民群众生命和财产安全，促进经济社会持续健康发展，2002 年 6 月 29 日第九届全国人民代表大会常务委员会第二十八次会议通过了《中华人民共和国安全生产法》，2002 年 11 月 1 日实施。根据形势的发展，2009 年 8 月 27 日、2014 年 8 月 31 日、2021 年 6 月 10 日历经 3 次修订。最新的《中华人民共和国安全生产法》自 2021 年 9 月 1 日起施行。

在水利水电工程施工安全防护建设方面，国务院主管部门制定了行业标准，主要有国家能源局发布的《水电水利工程施工安全防护设施技术规范》（DL 5162—2013）、水利部发布的《水利水电工程施工安全防护设施技术规范》（SL 714—2015）。国家和相关部门还制定发布了有与安全防护设施有密切关系的国家标准和行业标准，主要有：《直缝电焊钢管》（GB/T 13793—2016）、《低压流体输送用焊接钢管》（GB/T 3091—2015）、《碳素结构钢》（GB/T 700—2006）、《梯形螺纹　第 1 部分：牙型》（GB/T 5796.1—2022）、《低合金高强度结构钢》（GB/T 1591—2018）、《建筑结构荷载规范》（GB 50009—2012）、《木结构设计规范》（GB 50005—2017）、《重要用途钢丝绳》（GB/T 8918—2006）、《钢丝绳夹》（GB/T 5976—2006）、《钢筋混凝土用钢》（GB 1499—2018）、《建筑施工高处作业安全技术规范》（JGJ 80—2016）、《龙门架及井架物料提升机安全技术规范》（JGJ 88—2010）、《电力建设安全工作规程　第 1 部分：火力发电》（DL 5009.1—2014）、《公路工程施工安全技术规范》（JTG F90—2021）、《水电水利工程施工通用安全技术规程》（DL/T 5370—2017）、《水电水利工程土建施工安全技术规程》（DL/T 5371—2017）、《水电水利工程金属结构与机电设备安装安全技术规程》（DL/T 5372—2017）、《建筑施工扣件式钢管脚手架安全技术规范》（JGJ 130—2021）、《建筑施工木脚手架安全技术规范》（JGJ 164—2022）、《钢管脚手架扣件》（GB 15831—2019）、《建筑施工模板安全技术规范》（JGJ 162—2019）、《建筑施工工具式脚手架安全技术规范》（JGJ 202—2010）、《建筑地基基础工程施工质量验收规范》（GB 50202—2018）、《混凝土结构设计规范》（GB 50010—2020）、《便携式木梯安全要求》（GB 7059—2007）、《固定式钢梯及平台安全要求》（GB 4053—2016）、《施工现场临时用电安全技术规范 》（JGJ 46—2022）、《建筑施工现场环境与卫生标准》（JGJ 146—2013）、《施工现场临时建筑物技术规范》（JGJ/T 188—2009）、《建筑施工安全检查标准》（JGJ 59—2022）、《安全网》（GB 5725—2016）、《安全带》（GB 6095—2021）、《坠落防护　安全绳》（GB 24543—2021）、《坠落防护　速差自控器》（GB 24544—2021）、《坠落防护　挂点装置》（GB 30862—2014）、《坠落防护　连接器》（GB/T 23469—2009）、《坠落防护　装备安全使用规范》（GB/T 23468—2009）、《头部防护安全帽》（GB 2811—2019）、《头部防护　安全帽选用规范》（GB/T 30041—2013）、《个体

防护装备选用规范　第 1 部分：总则》（GB 39800.1—2020）、《高处作业分级》（GB 3608—2008）等。

这些法律法规为施工安全防护设施标准化建设从建设方针、设施质量及使用等诸方面提出了具体要求，是水利水电工程施工安全防护设施标准化建设的依据，必须严格遵照执行。

三、建立施工安全防护责任体系

施工企业要遵循"安全第一、预防为主、综合治理"的国家安全方针以及企业的近期和长远发展目标，并制定企业安全生产责任体系，再根据企业的安全生产责任体系建立施工安全防护责任体系。包括施工安全防护责任的体系架构、安全防护责任制的建立、安全防护操作规程的制定及体系运行。施工安全防护责任的体系架构是企业中凡与施工安全防护相关的各管理层级的组织结构。施工安全防护责任制是安全防护标准化的核心，是将企业各级负责人、职能部门及全体职员，依据相关法律、法规，按各自的岗位性质、特点及工作职责和任务，明确规定在施工安全防护方面应履行的职责和义务，并制定明确的考核制度，依此规范各从业人员的作业行为。安全防护操作规程是施工安全防护标准化的基础内容，是企业按不同岗位的特点和生产组织，对建设过程中的具体技术要求和实施程序作出的统一规定，依此消除或减少可能导致的人身伤亡、设备与财产损失及危害环境的因素。施工安全防护责任制体系的运行需要企业各从业岗位人员按不同的职责分工，依安全防护操作规程，在完善的安全防护条件下有效运行。

四、保证施工安全防护经费投入

安全防护费用是企业为完善和改进安全防护条件的资金，企业应按规定足额提取安全防护费用，并切实做到专款专用。施工安全防护设施关系生命财产安全，要舍得投入。要不断更新陈旧的设施，尽可能使用先进的设备。企业须对因资金投入不足，而造成装备设施不足或维护管理不善导致的后果承担责任。

五、提升施工队伍的管理水平

管理水平包含科技创新、信息化建设及管理方式的改进。科技创新需要通过安全防护科技攻关与课题研究，依据自身的经营性质，开发应用现代化先进手段。信息化建设需要企业根据各职能部门的需求及行业管理要求，按科学合理的运营流程，搭建安全防护管理的信息化网络平台。企业通过信息化平台，运用各类先进系统进行指挥、调度、监控、管理等，提升安全生产的监控管理水平，努力实现防护设施建设管理数字化。

要加强对施工人员进行安全继续教育培训、技能操作培训、安全防护宣传教育，以减少从业人员的不安全行为，提高其安全素质和自我保护能力。

六、融入企业各种建设活动之中

为了提高企业的综合实力，水利水电施工企业都要开展文明建设单位、安全生产标准化单位、信用等级单位等创建以及企业文化建设等活动，这些活动的内容都会将安全生产列为重要内容之一。施工安全防护设施标准化建设理所当然是这些活动的重要组成部分，要融入这些活动之中，依托借助这些活动，不断提高建设水平。

在安全生产标准化单位和信用等级创建中，要全面落实有关安全防护设施的要求并达到规定标准。在精神文明单位创建活动中，不仅要为在安全生产方面达到"业务水平领先，工作实绩显著"的标准提供保障，而且要为达到"履行社会责任，单位形象优良""内部管理规范，内外环境优美"的标准创造条件。

在企业文化建设中，要推进具有企业特色的安全价值观、企业安全行为准则的建立，要组织安全宣传教育，提供安全文化环境，开展安全承诺，印发安全手册，组织安全竞赛，组织安全检查评比，以此普及包括施工安全防护方面的知识，使安全文化建设成为推动企业发展的精神动力。

七、不断组织绩效考评与持续改进

建立安全管理体系，对企业实现全员、全过程、全方位安全管理，不断组织评定安全防护标准化实施情况，对安全防护目标、控制指标的完成情况进行综合考评。依据考评结果和安全防护预警指数系统所反映的趋势，对安全防护目标、指标、操作规程等进行修改完善、持续改进，不断提高安全绩效，提升安全管理的规范化、科学化水平，构建企业安全防护长效管理机制。

在施工期间，要组织对危险源辨识、风险控制、隐患排查与应急救援。对危险设施或场所的危险、危害因素进行分类，开展危险源辨识、评估，采取有效措施予以防护；对作业活动设施和设备进行危险、有害因素识别，制定相应的防范措施和应急预案予以防治；制定隐患排查方案，组织隐患排查，分析隐患原因，制定针对性控制对策，开展隐患治理；制定突发事件应急预案，明确突发事件时的组织、技术等措施，使相关人员应知应会，通过演练达到灾害发生时能够迅速反应，正确处置。

第二章
施工现场安全防护设施

第一节 安全防护设施分类及建设要求

施工现场安全防护设施是指企业在进行生产的过程中，尤其是建筑行业中，用于将危险、有害因素等控制在安全范围以内，以预防、减少和消除危害的装置和设备。

一、施工安全防护设施的种类

施工现场防护设施大体上可以分为三大类：一是预防事故设施；二是控制事故设施，包括紧急处理设施；三是减少与消除事故影响设施，主要是在施工事故发生以后减少或者消除所产生的不良影响的措施。

（一）预防事故设施

（1）检测、报警设施：压力、温度、液位、流量、组分等报警设施，可燃气体、有毒有害气体、氧气等检测和报警设施，用于安全检查和安全数据分析等检验检测设备、仪器。

（2）设备安全防护设施：防护罩、防护屏、负荷限制器、行程限制器，制动、限速、防雷、防潮、防晒、防冻、防腐、防渗漏等设施，传动设备安全锁闭设施，电器过载保护设施，静电接地设施。

（3）防爆设施：各种电气、仪表的防爆设施，抑制助燃物品混入（如氮封）、易燃易爆气体和粉尘形成等设施，阻隔防爆器材，防爆工器具。

（4）作业场所防护设施：作业场所的防辐射、防静电、防噪声、通风（除尘、排毒）、防护栏（网）、防滑、防灼烫等设施。

（5）安全警示标志：包括各种指示、警示作业安全和逃生避难及风向等警示标志。

（二）控制事故设施

（1）泄压和止逆设施：用于泄压的阀门、爆破片、放空管等设施，用于止逆的阀门等设施，真空系统的密封设施。

（2）紧急处理设施：紧急备用电源，紧急切断、分流、排放（火炬）、吸收、中和、冷却等设施，通入或者加入惰性气体、反应抑制剂等设施，紧急停车、仪表联锁等设施。

（三）减少与消除事故影响设施

（1）防止火灾蔓延设施：阻火器、安全水封、回火防止器、防油（火）堤，防爆墙、防爆门等隔爆设施，防火墙、防火门、蒸汽幕、水幕等设施，防火材料涂层。

（2）灭火设施：水喷淋、惰性气体、蒸汽、泡沫释放等灭火设施，消火栓、高压水枪（炮）、消防车、消防水管网、消防站等。

（3）紧急个体处置设施：洗眼器、喷淋器、逃生器、逃生索、应急照明等设施。

（4）应急救援设施：堵漏、工程抢险装备和现场受伤人员医疗抢救装备。

（5）逃生避难设施：逃生和避难的安全通道（梯）、安全避难所（带空气呼吸系统）、避难信号等。

（6）劳动防护用品和装备：包括头部，面部，视觉、呼吸、听觉器官，四肢，躯干防火、防毒、防灼烫、防腐蚀、防噪声、防光射、防高处坠落、防砸击、防刺伤等免受作业场所物理、化学因素伤害的劳动防护用品和装备。

二、施工现场防护设施建设的要求

为了提高施工安全管理水平，确保施工安全，施工现场的安全防护设施标准化建设要达到以下要求：

（1）要以习近平总书记关于"要健全风险化解机制，坚持从源头上防范化解重大安全风险，真正把问题解决在萌芽之时、成灾之前"的指示精神为施工现场安全防护设施标准化建设的指导思想。

（2）施工现场安全防护设施的设置、使用及相关作业活动，应以"切实维护人民群众生命财产安全"为目的。

（3）施工现场安全防护设施的设置和使用，应符合国家现行的有关法律法规和现行强制性标准、规范的规定，以及国家和施工区域涉及建筑施工安全的政策和规定。

（4）施工单位应加强科技创新，积极推广应用先进的施工安全技术。提倡使用定型化、工具化的安全防护设施，提倡项目经理部设置专业的作业队。

（5）每个施工现场所需的安全防护设施的种类不尽相同，在不同的施工过程中会用到不同的施工防护设施，要根据具体的施工情况合理选择施工安全防护措施，确保在万无一失的情况下进行安全施工。

（6）项目经理部应规范施工现场安全防护设施的设置和管理。施工现场安全防护设施应由施工项目工程技术负责人组织有关人员进行验收。使用防护设施的作业内容必须在安全防护设施验收合格后方可进行。

第二节　场地防护措施

一、临边防护

为保证施工作业活动、行人安全，凡是施工作业平台、行人通道，无论是高于地面或低于地面，其所在的基坑周边、结构周边必须按以下要求进行防护。

（一）基本规定

（1）施工现场内的作业区、作业平台、人行通道、施工通道、运输接料平台等施工活动场所，如临边落差达到或超过 2m，应沿周边设置防护栏杆（图 2-2-1、图 2-2-2）或防护脚手架或其他有效防护设施。各种垂直运输接料平台应设置带闭锁装置的安全门。

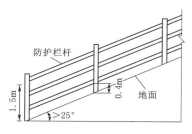

图 2-2-1　作业平台（面）防护栏杆

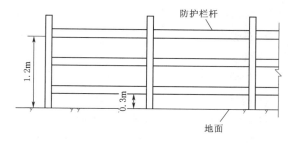

图 2-2-2　人行通道坡度大于 25°时，防护栏杆

（2）面临施工道路、生活区、办公区以及有人员通行的作业区、作业平台、施工通道、运输接料平台，外临立面应设置防护栏杆或防护脚手架，并满挂密目安全网作全封闭。

（3）悬崖、陡坡处的机动车道路、平台作业面等临空边缘应设置安全墩（墙）。

（4）安全防护设施施工完毕后，使用前应进行逐项检查，验收合格后方可投入使用。

（5）必须在雨天、雪天和冬季进行临边作业时，应采取可靠的防滑措施。对进行高处临边作业的高耸建筑物，应事先设置避雷设施。台风暴雨后，应对作业安全设施进行安全检查，发现有松动、变形、损坏或脱落等现象，应立即修理完善。

（6）因作业需要临时拆除或变动安全防护设施时，必须经施工负责人同意，并采取相应的可靠的临时防护措施，作业后应立即恢复。

（二）防护栏装置材料

（1）钢管横杆及立柱均采用直径不小于 30mm、壁厚不小于 2mm 的钢管，以扣件或焊接固定。

（2）钢筋横杆直径不应小于 16mm，栏杆柱直径不应小于 20mm，宜采用焊接连接。

（3）原木横杆梢径不应小于 7cm，栏杆柱梢径不应小于 7.5cm，用不小于 12 号镀锌铁丝绑扎固定。

（4）毛竹横杆小头有效直径不应小于 7cm，栏杆柱小头直径不应小于 8cm，用不小于 12 号镀锌铁丝绑扎，至少 3 圈，不得有脱滑现象。

（5）栏杆的横杆由上、中、下 3 道组成，上杆离地高度宜为 1.2m，下杆离地高度为 0.3m。作业平台（面）、人行通道坡度大于 25°时，栏杆高度应为 1.5m，下杆离地高度为 0.4m，如图 2-2-2 所示。

（6）栏杆长度小于 10m，两端应设斜杆；长度大于 10m，每 10m 段至少设置两根斜杆。斜杆的材料要求与横杆相同，并与横杆、柱杆焊接或绑扎连接牢固。

（7）栏杆的柱杆间距不宜大于 2m，若栏杆长度大于 2m，必须加设立柱。柱杆固定应符合以下要求：

1）泥石地面，宜打入地面 0.5～0.7m，离坡坎边口的距离应不小于 0.5m。

2）在坚固的混凝土面等固定时，可用预埋件与钢管或钢筋栏杆柱焊接；采用竹、木栏杆固定时，应在预埋件上焊接长 0.3m 的∟50×50 角钢或直径不小于 20mm 的钢筋，用螺栓连接或用不小于 12 号的镀锌铁丝绑扎两道以上固定。

3）在操作平台、通道、栈桥等处固定时，应与平台、通道杆件焊接或绑扎牢固。

（8）防护栏杆的连接和固定。

1）防护栏杆应采用扣件、丝扣、螺栓、电焊或其他可靠连接方式连接。栏杆横杆接长时，上下横杆接头应错开 2m 以上。

2）防护栏杆采取埋设、扣件连接、螺栓连接、焊接或其他有效固定方式固定，若采用其他方式固定时，应由项目工程技术负责人核算后使用。

（9）施工现场作业区临边（临空）面、作业平台、人行通道、施工通道、运输接料平台等处的防护栏杆底部应设置挡脚板，挡脚板的高度不低于 20cm。防护栏杆及防护用挡脚板应涂刷醒目的黄黑相间或红白相间颜色。如图 2-2-3 所示。

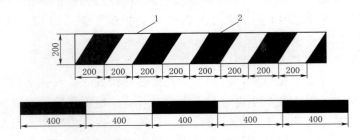

图 2-2-3 防护用挡脚板及防护栏杆油漆尺寸示意图（单位：mm）

1—黄色；2—黑色

（10）防护栏杆整体构造应使防护栏杆任何地方，在经受任何方向的 1kN 的外力时，不发生明显变形或断裂。在有可能发生人群拥挤、车辆冲击或物体撞击等事件的位置，必须设置有效防护加固设施。

（三）基本要求

（1）施工现场作业区临边（临空）面、作业平台、人行通道、施工通道、运输接料平台等施工活动场所的防护栏杆采用的钢管，应符合现行国家标准《直缝电焊钢管》（GB/T 13793—2016）或《低压流体输送用焊接钢管》（GB/T 3091—2015）中规定的 3 号普通钢管标准。基本要求为：φ48mm×3.5mm，每根钢管的最大质量不应大于 25kg；不同规格的钢管严禁混用。

使用的扣件应符《钢管脚手架扣件》（GB 15831—2006）的标准。基本要求为：扣件活动部位应能灵活转动，回转扣的两旋转面间隙应小于 1mm；当扣件夹紧钢管时，开口处的最小距离不小于 5mm。

（2）提倡采用可重复安装和拆卸的工具式定型栏杆或栏板。建筑施工项目自制栏杆、栏板必须满足防护要求且美观耐用，由项目经理部技术部门设计并经技术负责人审核合格，加工人员、材料应符合相关要求。

（3）窄小的竖向洞口或临边部位不适合采用钢管作为防护栏杆的，应采用钢筋焊接制成防护栏杆。其结构构造要求见表2-2-1。

表2-2-1　　　　　　　　　　　　　钢筋防护栏杆构造

杆件名称	上横杆	下横杆	栏杆柱
钢筋直径	≥18mm	≥16mm	≥20mm
焊缝长度/高度	2×10mm/6mm		

（4）装配式工程梁面的临时防护可在梁两端焊接或螺栓连接固定临时立柱，将ϕ10mm以上钢丝绳或ϕ25mm以上麻绳紧绷于临时立柱上作为安全绳。梁跨度大于8m时，防护栏中间应加设临时立柱。

（5）采用其他材料制作防护栏杆，应经过项目技术负责人核算后采用，不得使用竹木材料制作防护栏杆。在野外基坑临边防护为防止钢管丢失可采用竹木杆，但其直径必须符合要求。

（6）采用市场推广使用的新技术、新材料和标准设施，必须严格按照产品、设施使用说明书使用和维护。

二、各部位的临边防护

（一）基坑周边防护

基坑防护示意图如图2-2-4所示，基坑周边防护剖面图如图2-2-5所示。

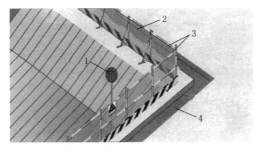

图2-2-4　基坑防护示意图
1—夜间安全警示灯；2—密目安全网；
3—防护栏杆；4—排水沟

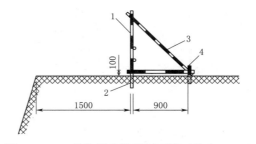

图2-2-5　基坑周边防护剖面图（单位：mm）
1—钢管直径均为ϕ48mm；2—打入土层深度要求
不小于500mm，若无法打入则以其他方法固定；
3—打入土层深度要求不小于300mm，若无法打入
则以其他方法固定；4—斜撑每4000mm设一道
说明：若以钢筋代替钢管，则要求立柱不小于ϕ18mm，
顶平杆不小于ϕ16mm，不小于ϕ14mm

（1）深度不超过2m的临边可采用1.2m高栏杆式防护，深度超过2m的基坑施工还必须采用密目式安全网做封闭式防护。

（2）立杆打入土层深度不小于600mm（也可用混凝土埋设不小于200mm），立杆上每间隔4m设斜撑。如图2-2-6所示。

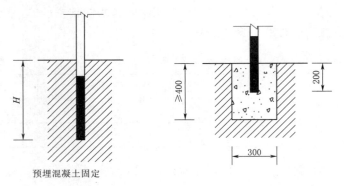

预埋混凝土固定

图2-2-6 立杆基础详图（Ⓐ点剖面图、单位：mm）

说明：根据钢管插打进的土层类型不同，深度H不同。

（3）临边防护栏杆离基坑边口的距离不得小于50cm。在道路附近的基坑，夜间必须设红色标志灯。

（4）在基坑周围设一道200mm高的120砖砌挡水沿或500mm高的堆土，水泥抹面。内设排水沟，水沟坡度1%，沟宽500mm，沟深200mm（最浅处）。避免渗水、漏水进入坑内。

（5）基坑边界周围地面设排水沟及集水井，水泵随时将积水抽到坑外。

（6）坑边堆置土方和材料，包括沿土方边缘移动运输工具和机械，不应离坑槽边过近（计算确定），堆置土方距坑边上部边缘不少于1.2m，高度不超过1.5m；基坑内必须设置专用人员上下通道。如图2-2-7所示。

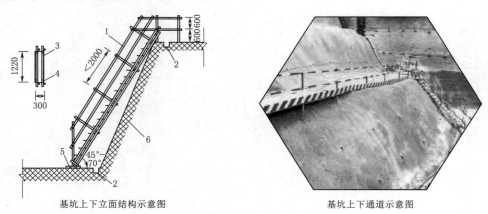

基坑上下立面结构示意图   基坑上下通道示意图

图2-2-7 进入基坑人行通道示意图（单位：mm）

1—φ48mm钢管；2—排水沟；3—九夹板；4—铁丝锚固；5—垫块；

6—基坑放坡坡度视设计而定

（7）防护栏杆设置如图2-2-8和图2-2-9所示。

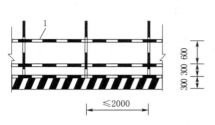

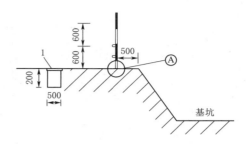

图 2-2-8 基坑周边防护栏杆
立面图（单位：mm）
1—钢管

图 2-2-9 基坑周边防护栏杆
剖面图（单位：mm）
1—排水沟

（二）结构层周边防护

结构层施工中，应设置防护栏杆以防止人员坠落和进入不安全区域，如图 2-2-10 所示。

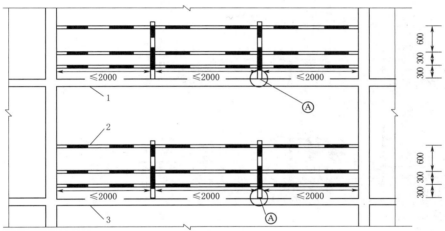

图 2-2-10 结构楼层周边防护栏杆立面图（单位：mm）
1—（$n+1$）层楼板；2—钢管；3—n 层楼板

（三）装配工程梁面临时防护

装配式工程梁面临时防护如图 2-2-11 和图 2-2-12 所示。

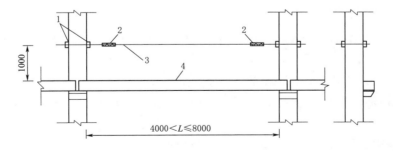

图 2-2-11 装配式工程梁面临时防护示意图（一）（单位：mm）
1—垫块；2—花篮螺栓；3—钢索或麻绳；4—装配式钢梁

说明：1. 栏杆必须与装配式工程钢梁牢固连接。2. 如使用钢索时应每段设置花篮螺丝。

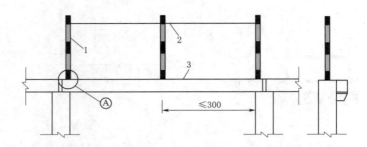

图 2-2-12 装配式工程梁面临时防护示意图（二）（单位：mm）

1—φ48mm×3.5mm 钢管；2—钢索或麻绳；3—装配式混凝土梁

说明：1. 栏杆必须与装配式工程梁牢固连接。2. 如使用钢索时应每段设置花篮螺丝。

（四）结构层混凝土楼梯侧边防护

（1）结构层混凝土楼梯的临时防护栏杆，采用建筑脚手架钢管搭设，杆件用扣件或丝扣连接，如图 2-2-13 和图 2-2-14 所示。

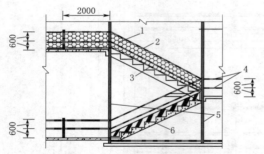

图 2-2-13 结构层混凝土楼梯临边
防护立面图（一）（单位：mm）

1—密目安全网；2—φ48mm×3.5mm 钢管；

3—扫地杆；4—栏杆横杆；

5—通长栏杆柱；6—挡脚板

说明：1. 当采用钢筋时，各杆件的连接和固定应使用

焊接并且满足焊接要求，钢筋主杆直径不小于

20mm，钢筋底杆直径不小于16mm，钢筋上杆

直径不小于18mm。2. 栏杆柱应与楼梯面牢固固定。

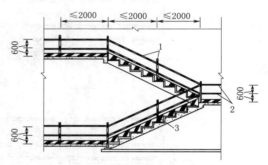

图 2-2-14 结构层混凝土楼梯临边
防护立面图（二）（单位：mm）

1—φ48mm×3.5mm 钢管；2—栏杆横杆；

3—挡脚板

说明：1. 当采用钢筋时，各杆件的连接和固定应使用

焊接并且满足焊接要求，钢筋主杆直径不小于

20mm，钢筋底杆直径不小于16mm，钢筋上杆

直径不小于18mm。2. 栏杆柱应与楼梯面牢固固定。

（2）圆弧及特殊形状的楼梯，可采用同一等级的建筑钢筋制作栏杆，使用焊接固定和连接。

（3）形状规则的楼梯，宜采用建筑脚手架钢管套丝、螺栓连接等方式搭设栏杆。

（五）悬崖陡坡处的机动车道路、隧道（洞）出口、弃渣场（料场、作业平台）的临空边缘防护

（1）悬崖陡坡处的机动车道路、隧道（洞）出口、弃渣场（料场、作业平台）的临空边缘防护应设置安全墩（墙）。安全墩高度不小于 0.6m、宽度不小于 0.3m、长度不小于 0.6m；安全墙长度不小于 2m、宽度不小于 0.3m、高度不小于 0.6m。宜采用混凝土或浆

砌石修建。

（2）悬崖、陡坡处的机动车道路临边防护（图 2-2-15、图 2-2-16）。

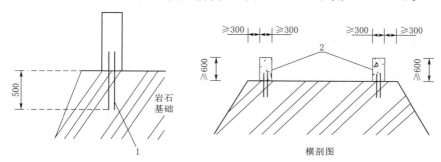

图 2-2-15　道路临边防护剖面图（单位：mm）

1—φ25mm 每墩不少于 4 根锚筋；2—安全墩（墙）

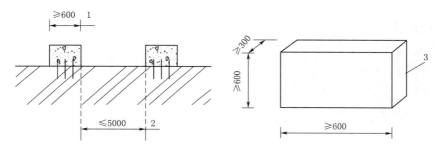

图 2-2-16　道路临边安全墩（墙）体型图（单位：mm）

1—安全墩长度，说明安全墩高度不小于 600mm、宽度不小于 300mm、长度不小于 600mm；
2—安全墩长度，说明安全墙长度不小于 2000mm 且不大于 5000mm、宽度不小于 300mm、
高度不小于 600mm；3—混凝土或浆砌石

1）临边落差达到或超过 2m，未超过 5m 时，应设置安全墩；安全墩的间距不大于 5m（道路转弯处间距不大于 2m）。

2）临边落差超过 5m 时，应设置安全墙。

3）墩（墙）距临空面边缘距离不小于 0.3m。

（3）临空隧道（洞）出口临边防护（图 2-2-17）：

1）临边落差达到 2m 时，应设置安全墩，安全墩的间距不大于 2m。

2）临边落差超过 2m，未超过 5m 时，应设置安全墙，安全墙的间距不大于 2m；临边落差超过 5m 时，安全墙的间距不大于 0.5m。

3）安全墙距临空面边缘距离不小于 0.5m。

（4）弃渣场（料场、作业平台）的临空边缘防护（图 2-2-18）：

1）临边落差达到或超过 2m 时，应设置安全墩（安全墩形状如图 2-2-19 所示）；安全墩的间距不大于 2m；临边落差超过 2m，未超过 5m 时，安全墩的间距不大于 1m。转角处设置为安全墙。

2）临边落差达到或超过 5m 时，应设置安全墙；安全墙的间距不大于 2m；安全墙的间距不大于 0.5m（转角处安全墙应连成一体）。

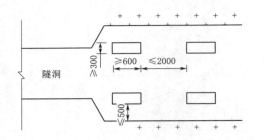

图 2-2-17　隧道（洞）出口临边
防护平面示意图（单位：mm）

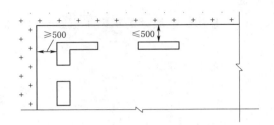

图 2-2-18　弃渣场（料场、作业平台）
临空边缘防护平面示意图（单位：mm）

3）安全墩（墙）距临空面边缘距离不小于 0.5m。

4）弃渣场的临边防护也可以采用堆体（堆体体型如图 2-2-20 所示）作为临边防护。堆体高度不小于 0.8m，顶部宽度不小于 0.5m。堆体距临空面边缘距离不小于 0.5m，并用白石灰浆喷洒予以警示。

图 2-2-19　安全墩（墙）形状图

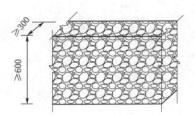

图 2-2-20　弃渣场临空边缘
防护堆体体型图（单位：mm）

平台作业面等临空边缘应设置安全墩（墙），墩（墙）高度不低于 0.6m，宽度不小于 0.3m，长度不小于 1.2m，宜采用混凝土或浆砌石修建。

（5）施工作业现场水泵坑、泥浆池的临边防护：水泵坑、泥浆池周边防护立面图如图 2-2-21 所示，剖面图如图 2-2-22 所示。

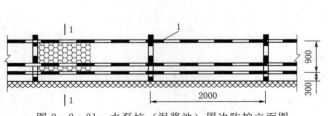

图 2-2-21　水泵坑（泥浆池）周边防护立面图
（单位：mm）
1—φ48mm 钢管

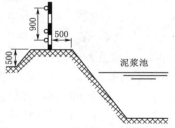

图 2-2-22　水泵坑（泥浆池）周
边防护 1—1 剖面图（单位：mm）

1）水泵坑、泥浆池的周围应先做一高 0.5m、宽 1m 的堆体。

2）在堆体上沿四周设置防护栏杆，横杆间距 30cm，并采用密目式安全网做封闭式防

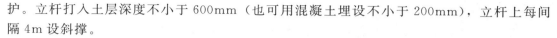

护。立杆打入土层深度不小于 600mm（也可用混凝土埋设不小于 200mm），立杆上每间隔 4m 设斜撑。

3）临边防护栏杆离基坑边口的距离不得小于 50cm。夜间必须设红色标志灯，并在夜间施工区域的栏杆上刷反光漆。

三、临边防护的相关标准规范要求

（一）《水利水电工程施工安全防护设施技术规范》（SL 714—2015）

1. 作业面

高处作业面（如坝顶、屋顶、原料平台、工作平台等）的临空边沿，必须设置安全防护栏杆及挡脚板。

2. 施工现场安全防护栏杆应符合以下规定

（1）材料要求应符合下列要求：

1）钢管横杆及立柱宜采用不小于 ϕ48.3mm×3.6mm 的钢管，以扣件或焊接固定。

2）钢筋横杆直径不应小于 16mm，栏杆柱直径不应小于 20mm，宜采用焊接连接。

3）原木横杆梢径不应小于 7.00cm，栏杆柱梢径不应小于 7.50cm，用不小于 12 号镀锌铁丝绑扎固定。

4）毛竹横杆小头有效直径不应小于 7.00cm，栏杆柱小头直径不应小于 8.00cm，用不小于 12 号镀锌铁丝绑扎，至少 3 圈，不得有脱滑现象。

（2）防护栏杆应由上、中、下三道横杆及栏杆柱组成，上杆离地高度不低于 1.20m，栏杆底部应设置不低于 0.2m 的挡脚板，下杆离地高度为 0.30m。坡度大于 25°时，防护栏应加高至 1.50m，特殊部位必须用网栅封闭。

（3）长度小于 10m 的防护栏杆，两端应设有斜杆。长度大于 10m 的防护栏杆，每 10m 段至少应设置一对斜杆。斜杆材料尺寸与横杆相同，并与立柱、横杆焊接或绑扎牢固。

（4）栏杆立柱间距不宜大于 2.00m。若栏杆长度大于 2.00m，必须加设立柱。

（5）栏杆立柱的固定应符合下列要求：

1）在泥石地面固定时，宜打入地面 0.50～0.70m，离坡坎边口的距离应不小于 0.50m。

2）在坚固的混凝土面等固定时，可用预埋件与钢管或钢筋栏杆柱焊接；采用竹、木栏杆固定时，应在预埋件上焊接 0.30m 长∟50×50 角钢或直径不小于 20mm 的钢筋，用螺栓连接或用不小于 12 号的镀锌铁丝绑扎两道以上固定。

3）在操作平台、通道、栈桥等处固定时，应与平台、通道杆件焊接或绑扎牢固。

（6）防护栏杆整体构造应使栏杆任何处能经受任何方向的 1kN 的外力时不得发生明显变形或断裂。在有可能发生人群拥挤、车辆冲击或物件碰撞的处所，栏杆应专门设计。

1）高处临边防护栏杆处宜有夜间示警红灯。

2）在悬崖、陡坡、杆塔、坝块、脚手架以及其他高处危险边沿进行悬空高处作业时，临边必须设置防护栏杆，并应根据施工具体情况，提供安全带、安全绳等个体防护用品，挂设水平安全网或设置相应的吊篮、吊笼、平台等设施。

3）各类洞（孔）口、沟槽应设有固定盖板，在洞（孔）口边设置防护栏杆，同时设有安全警告标志和夜间警示红灯。

(二)《水电水利工程施工安全防护设施技术规范》(DL 5162—2013)

1. 作业面

高处作业面的临空边沿,必须设置安全防护栏杆。在悬崖、陡坡、杆塔、坝块、脚手架以及其他高处危险边沿进行悬空高处作业时,临边必须设置防护栏杆,并根据施工具体情况,挂设水平安全网或设置相应的吊篮、吊笼、平台等设施。

2. 施工现场安全防护栏杆应符合以下规定

(1) 材料要求应符合下列要求:

1) 钢管横杆及立柱应采用直径不小于30mm、壁厚不小于2.0mm的钢管,应使用扣件或焊接固定。

2) 钢筋横杆直径不应小于16mm,栏杆柱直径不应小于20mm,应采用焊接连接。

3) 采用其他材料作为防护栏杆的应专门设计。

(2) 防护栏杆应由上、中、下三道横杆及栏杆柱组成,上杆离地高度不低于1.20m,栏杆底部应设置不低于0.2m的挡脚板,下杆离地高度为0.30m。坡度大于25°时,防护栏应加高至1.50m。

(3) 长度小于10m的防护栏杆,两端应设有斜杆。长度大于10m的防护栏杆,每10m段至少应设置一对斜杆。斜杆材料尺寸与横杆相同,并与立柱、横杆焊接或绑扎牢固。

(4) 栏杆立柱间距不宜大于2.00m。若栏杆长度大于2.00m,必须加设立柱。

(5) 栏杆立柱固定要求:

1) 在泥石地面固定时,宜打入地面0.50～0.70m,离坡坎边口的距离应不小于0.50m。

2) 在坚固的混凝土面等固定时,应使用预埋件与钢管或钢筋栏杆柱焊接。

3) 在操作平台、通道、栈桥等处固定时,应与平台、通道杆件焊接或绑扎牢固。

(6) 在有可能发生人群拥挤、车辆冲击或物件碰撞的处所,栏杆设计应符合专门规定。

(7) 高处临边防护栏杆处宜有夜间示警红灯。

(三)《水利水电工程施工通用安全技术规程》(SL 398—2007)

1. 施工现场基本规定

临水、临空、临边等部位应设置高度不低于1.2m的安全防护栏杆,下部有防护要求时还应设置高度不低于0.2m的挡脚板。

2. 安全防护设施基本规定

(1) 道路、通道、洞、孔、井口、高出平台边缘等设置的安全防护栏杆应由上、中、下三道横杆和栏杆柱组成,高度不应低于1.2m,柱间距不大于2.0m。栏杆柱应固定牢固、可靠,栏杆底部应设置高度不低于0.2m的挡脚板。

(2) 高边坡、基坑边坡应根据具体情况设置高度不低于1.0m的安全防护栏或挡墙,防护栏和挡墙应牢固。

3. 高处作业

(1) 高处作业使用的脚手架平台应铺设固定脚手板,临空边缘应设高度不低于1.2m

的防护栏杆。

（2）在坝顶、陡坡、屋顶、悬崖、杆塔、吊桥、脚手架以及其他危险边沿进行悬空高处作业时，临空面应搭设安全网或防护栏杆。

（3）脚手架的外侧、斜道和平台，应搭设防护栏杆、挡脚板或防护立网。

（4）高处作业时，不应骑坐在脚手架栏杆、躺在脚手板上或安全网内休息，不应站在栏杆外的探头板上工作和凭借栏杆起吊物件。

4. 栏杆、盖板与防护棚

（1）栏杆材料及连接要求：

1）钢管管径 ϕ 不小于 48mm，壁厚 d 不小于 2.75mm，用扣件或焊接连接。

2）钢筋横杆 ϕ 不小于 16mm，柱杆 ϕ 不小于 20mm，宜采用焊接连接。

3）原木横杆梢径 D 不小于 7cm，柱杆梢径 D 不小于 7.5cm，不宜用小于 12 号镀锌铁丝绑扎。

4）毛竹横杆梢径 D 不小于 7cm，柱杆梢径 D 不小于 8cm，不宜用小于 12 号镀锌铁丝绑扎。

（2）栏杆的横杆由上、中、下三道组成，上杆离地高度宜为 1.0～1.2m，下杆离地高度宜为 0.3m。坡度大于 25°时，栏杆高度应为 1.5m。

（3）栏杆的柱杆间距不宜大于 2m，柱杆固定应符合以下要求：

1）泥石地面，宜打入地面 0.5～0.7m，离坡坎边口的距离不应小于 0.5m。

2）混凝土地面，宜用预埋件与钢管或钢筋柱杆焊接固定；采用圆木、竹栏杆柱杆固定时，应在预埋件上焊接 0.3m 长∟50×50 的角钢或直径不小于 20mm 的钢筋，应用螺栓连接或用不小于 12 号的镀锌铁丝绑扎两道以上固定。

3）在操作平台、通道、栈桥等处固定柱杆，应与已埋设的插件焊接或绑扎牢固。

4）栏杆长度小于 10m，两端应设斜杆；长度大于 10m，每 10m 段至少设置两根斜杆。斜杆的材料要求与横杆相同，并与横杆、柱杆焊接或绑扎连接牢固。

（四）《水电水利工程施工通用安全技术规程》（DL/T 5370—2017）

1. 施工现场基本规定

临水、临空、临边等部位应设置高度不低于 1.2m 的安全防护栏杆，下部有防护要求时还应设置高度不低于 0.2m 的挡脚板。

2. 安全防护设施一般规定

（1）道路、通道、洞、孔、井口、高出平台边缘等设置的安全防护栏杆应由上、中、下三道横杆和栏杆柱组成，高度不低于 1.2m，柱间距应不大于 2.0m。栏杆柱应固定牢固、可靠，栏杆底部应设置高度不低于 0.2m 的挡脚板。

（2）高边坡、基坑边坡应根据具体情况设置高度不低于 1.0m 的安全防护栏或挡墙，防护栏和挡墙应牢固。

（3）高处作业前，应检查排架、脚手板、通道、马道、梯子和防护设施等，应符合安全要求方可作业。高处作业使用的脚手架平台，应铺设固定脚手板，临空边缘设高度不低于 1.2m 的防护栏杆。

（4）在坝顶、陡坡、屋顶、悬崖、杆塔、吊桥、脚手架以及其他危险边沿进行悬空高处作业时，临空面应搭设安全网或防护栏杆。

（5）高处作业时，不得坐在平台、孔洞、井口边缘，不得骑坐在脚手架栏杆、躺在脚手板上或安全网内休息，不得站在栏杆外的探头板上工作和凭借栏杆起吊物件。

3. 栏杆、盖板与防护棚

（1）栏杆材料及连接要求：

1）钢管管径 ϕ 不小于48mm，壁厚 d 不小于2.75mm，用扣件或焊接连接。

2）钢筋横杆梢径 ϕ 不小于16mm，柱杆梢径 ϕ 不小于20mm，宜采用焊接连接。

3）原木横杆梢径 ϕ 不小于7cm，柱杆梢径 ϕ 不小于7.5cm，宜用不小于12号镀锌铁丝绑扎。

4）毛竹横杆梢径 ϕ 不小于7cm，柱杆梢径 ϕ 不小于8cm，宜用不小于12号镀锌铁丝绑扎。

（2）栏杆的横杆由上、中、下三道组成，上杆离地高度宜 $1.0 \sim 1.2$m，下杆离地高度为0.3m。坡度大于25°时，栏杆高度应为1.5m。

（3）栏杆的柱杆间距不宜大于2m，柱杆固定应符合以下要求：

1）泥石地面，宜打入地面 $0.5 \sim 0.7$m，离坡坎边口的距离应不小于0.5m。

2）坚固混凝土地面，宜用预埋件与钢管或钢筋柱杆焊接固定；采用圆木、竹栏杆柱杆固定，应在预埋件上焊接0.3m长∟50×50的角钢或直径不小于20mm的钢筋，用螺栓连接或用不小于12号的镀锌铁丝绑扎二道以上固定。

3）在操作平台、通道、栈桥等处固定应与其插件焊接或绑扎牢固。

（4）栏杆长度小于10m，两端应设斜杆；长度大于10m，每10m段至少设置两根斜杆。斜杆的材料要求与横杆相同，并与横杆、柱杆焊接或绑扎连接牢固。

（5）施工现场各类洞、井口和沟槽应设置固定盖板，盖板材料宜采用木材、钢材或混凝土，其中普通盖板承载力不得小于2.5kPa；机动车辆、施工机械设备通行道路上的盖板承载力得小于经过车辆设备中最大轴压力的2倍。各类盖板表面应防滑。

（6）在同一垂直方向同时进行两层以上交叉作业时，底层作业面上方应设置防止上层落物伤人的隔离防护棚，防护棚宽度应超过作业面边缘1m以上。

4. 洞口防护

在工作场所或通道上，使人与物有坠落危险而危及人身安全的洞口，均应采取防护措施；构筑物结构预留洞口，挖孔桩、钻孔桩等桩孔上口，未填土的坑槽，以及天窗、地板门等处，安装预制构件时的洞口以及其他各类洞口，须按洞口防护要求设置稳固的盖板或防护栏杆或安全网或其他防止人员和物体坠落的防护设施。

（1）基本规定：

1）各种洞口，应按其大小和性质分别设置牢固的盖板、防护栏杆、安全网或其他防坠落的防护设施。

2）电梯井口，视具体情况设防护栏杆和固定栅门或工具式栅门，电梯井内每隔两层或最多隔10m就应设一道安全平网。也可以按当地习惯，设固定的格栅或砌筑矮墙等。

3）钢管桩、钻孔桩等桩孔上口，柱形、条形等基础上口，未填土的坑、槽口，以及所有的预留洞口，都要作为洞口而设置稳固的防护设施。

4）盖板材料宜采用木材、钢材或混凝土，其中普通盖板承载力不得小于 2.5kPa；机动车辆、施工机械设备通行道路上的盖板承载力不得小于经过车辆设备中最大轴压力的 2 倍。

5）施工现场与场地通道附近的各类洞口与深度在 2m 以上的敞口等处除设置防护设施与安全标志外，夜间还要挂灯示警。

6）当后续工作需要拆除防护设施时，必须进行安全技术交底，并有专人旁站监督拆除及后续施工安全。

7）作业面处于不稳定岩体下部，孤石、悬崖陡坡下部，高边坡下部，基坑，深槽、深沟下部等情况时，应在作业面上侧设置防止滚动物的挡墙或积石槽。若存在边坡滑移重大安全隐患时，在施工前必须采取专门防护措施。

（2）防护设置：

1）短边尺寸小于 25cm 但大于 2.5cm 的孔口，可以用钢或坚实的木盖板盖严，中点至少能承受 500N 的竖向点荷载。盖板还应能防止挪动移位。

2）短边长 25～50cm 的洞口、安装预制构件时的洞口以及其他各类洞口，可用钢、木板作盖板，盖住洞口。盖板能承受 1000N 的竖向荷载，并须保持四周搁置均衡，并有固定其位置的措施。

3）短边长在 50～150cm 的洞口，必须设置以扣件扣接钢管而成的 100mm×100mm 的网格，并设围栏。当洞口处于施工通道时，应在其上满铺脚手板，或采用贯穿于混凝土板内的钢筋构成防护网，钢筋网格间距不得大于 20cm，并在其上满铺脚手板，其上荷载不得大于板上设计荷载。

4）边长在 150cm 以上的洞口，四周设防护栏杆，洞口内设安全平网。

5）墙面等处的竖向落地洞口，应加装开关式、工具式或固定式防护门，门栅网格间距不应大于 15cm，也可采用防护栏杆挂安全立网，下设 200mm 高的挡脚板。

6）外侧边落差大于 2m，应加设 1.8m 高的防护栏杆。

7）对邻近的人与物有坠落危险性的其他竖向孔、洞口，均应予以盖严，加以防护。

8）洞口处防护栏杆的用材、连接、固定与临边防护栏杆相同。

（3）各类洞口的防护：

1）短边尺寸小于 500mm 洞口的防护（图 2-2-23）：

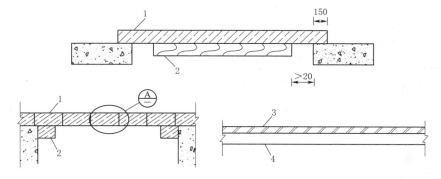

图 2-2-23 短边尺寸小于 500mm 的洞口防护示意图（单位：mm）

1—50mm 木板；2—50mm×50mm 木枋；3—5mm 花纹钢板；4—不小于 65mm 钢板

a. 构筑物平面上短边尺寸小于 250mm 但大于 25mm 的孔口，必须用不小于 5mm 的花纹钢板（网格板）或 50mm 厚的木板做面板、下焊限位，让其卡在洞口内防止挪动移位。

b. 钢板表面涂黄黑相间的安全线条。

2）短边尺寸小于 1500mm 洞口的防护（图 2-2-24～图 2-2-26）：

a. 边长为 500～1500mm 的洞口，必须设置以扣件扣接钢管（或钢筋）而成的网格，格距不大于 200cm，并在其上满铺脚手板。

b. 距洞口外围线 50cm 处设置临时围栏。围栏高度不低于 120cm。

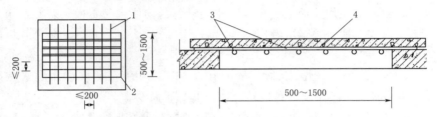

图 2-2-24　短边尺寸 500～1500mm 的洞口防护平面示意图（单位：mm）
1—钢管伸过洞口不小于 200mm；2—洞口边线；3—φ48mm×3.5mm 钢管；4—竹笆

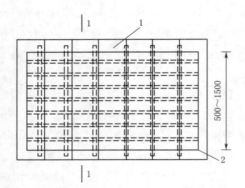

图 2-2-25　短边尺寸 500～1500mm 的洞口钢管防护网示意图（单位：mm）
1—竹笆；2—洞口边线

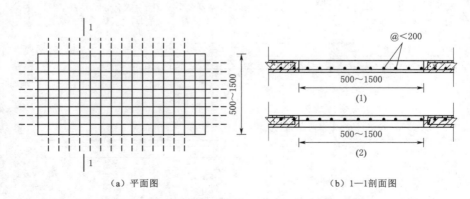

（a）平面图　　　　　　　　　（b）1—1 剖面图

图 2-2-26　短边尺寸 500～150mm 的洞口钢筋防护网示意图（单位：mm）
说明：（1）利用楼板受力钢筋；（2）设置钢筋网片。

3）短边尺寸大于1500mm洞口的防护：

a. 短边边长1500～2000mm的洞口，四周设防护栏杆；防护栏杆下设挡脚板，洞口下方设安全平网。短边边长1500～2000mm的洞口防护示意图，如图2-2-27所示。

b. 短边边长1500～2000mm的洞口，也可以在洞口上加盖钢筋网片。短边边长1500～2000mm的洞口防护钢筋网片示意图，如图2-2-28所示。

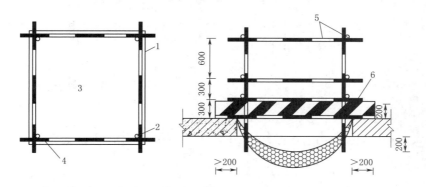

图2-2-27　短边边长1500～2000mm的洞口防护示意图（单位：mm）

1—洞口边缘线；2—栏杆柱；3—张挂安全网；4—横杆；5—防护栏杆；6—挡脚板200mm

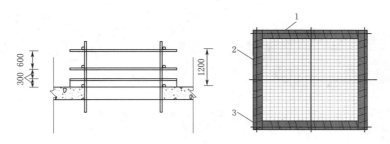

图2-2-28　短边边长1500～2000mm的洞口防护钢筋网片示意图（单位：mm）

1—下设挡脚板；2—横杆；3—栏杆柱

c. 边长2000～4000mm的洞口，四周设防护栏杆；防护栏杆下设挡脚板，洞口下方设安全平网。短边边长2000～4000mm的洞口防护示意图，如图2-2-29所示。

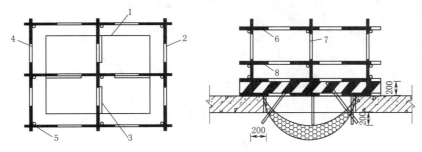

图2-2-29　边长2000～4000mm的洞口防护示意图（单位：mm）

1—洞口边缘线；2—下挡脚板；3—斜撑；4—横杆；5—栏杆；6—上横杆；7—栏杆柱；8—下横杆

4）紧邻构筑物立面落地洞口防护：

a. 紧邻构筑物立面的落地洞口，按照不同的洞口防护尺寸进行相应的防护。构筑物立面竖向落地洞口的防护平面示意图如图2-2-30和图2-2-31所示。

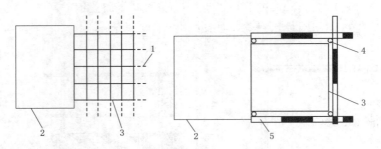

图2-2-30 构筑物立面竖向落地洞口的防护平面示意图
1—钢筋网片上盖盖板；2—构筑物；3—孔口边线；4—栏杆柱；5—横杆

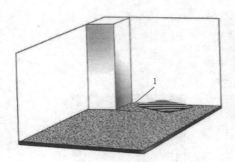

图2-2-31 构筑物立面竖向落地洞口的防护平面示意图
1—钢筋网片

（4）临时性的孔洞封闭防护（图2-2-32）。

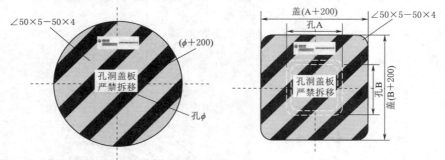

图2-2-32 临时性的孔洞封闭防护平面示意图（单位：mm）

1）可用3~4mm的花纹钢板（网格板）、下焊限位。

2）临时性防护栏杆（图2-2-33）。

a. 防护栏杆高度应不低于1.2m、宽2m；围挡采用 $\phi50$mm 钢管、$\phi14$mm 钢筋加工布成。

b. 围挡表面涂刷黄黑警示油漆。

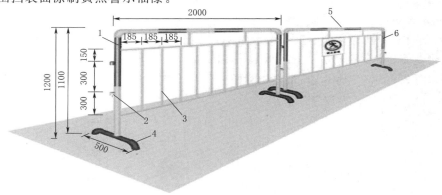

图 2-2-33 临时性防护栏杆示意图（单位：mm）

1、4、5—φ50mm 圆管；2—φ20mm 圆管；3—φ14mm 钢筋；6—φ16mm 钢筋

（5）电梯井、吊物孔、管道井等预留洞口的防护。

1）电梯井、吊物孔、管道井预留洞口，施工期按照不同的洞口防护尺寸进行相应的防护。

2）装修期，必须设置防护栏杆；井道内的施工层的下一层设置一道硬质隔断以防物件掉落，施工层以及其他层统一采用安全网防护。

3）电梯井、吊物孔、管井施工，除设置防护设施外，还应加设明显标志警示。如有临时拆除，需经专职管理人员审核批准，工作完毕必须原样恢复。

电梯井、吊物孔、管道井等预留洞口防护平面示意图如图 2-2-34 所示，电梯井、吊物孔、管道井等预留洞口内施工防护示意图如图 2-2-35 所示。

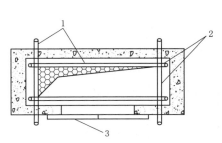

图 2-2-34 电梯井、吊物孔、管道井等
预留洞口防护平面示意图

1—φ48mm×3.5mm 钢管；

2—50mm 间隙；3—防护门

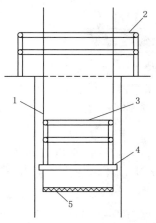

图 2-2-35 电梯井、吊物孔、管道井等
预留洞口内施工防护示意图

1—吊挂钢丝绳；2，3—护栏；4—工作平台；

5—安全网

（6）构筑物立面预留台面、孔洞防护。

1）构筑物竖向施工预留台面、孔洞底面低于构筑物作业平面80cm，或外侧落差大于2m时，必须设置防护栏杆或防护门。

2）安全门或防护栏杆的高度不小于1.4m。栅门其强度应能承受1kN/m²水平荷载。

构筑物立面竖向安全防护门安装示意图如图2-2-36所示，构筑物立面竖向安全防护门示意图如图2-2-37所示，构筑物立面竖向安全防护栏杆示意图如图2-2-38所示。

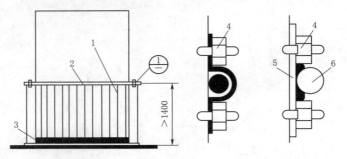

图2-2-36　构筑物立面竖向安全防护门安装示意图（单位：mm）

1—钢筋铁栅门；2—ϕ20mm钢筋；3—挡脚板；4—M12膨胀螺栓；

5—10mm厚钢板；6—ϕ48mm×3.5mm钢管

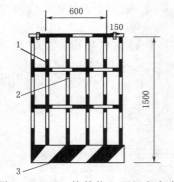

图2-2-37　构筑物立面竖向安全防护门示意图（单位：mm）

1—ϕ14mm钢筋；2—铁栅门；

3—挡脚板

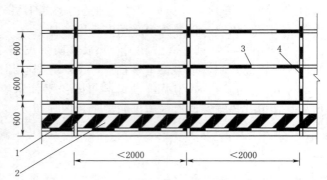

图2-2-38　构筑物立面竖向安全防护栏杆示意图（单位：mm）

1—扫地杆；2—挡脚板；

3—横杆；4—立杆

（7）人工挖孔桩洞口防护。

1）人工挖孔桩开口利用高出地坪200～250mm第一节护壁做一工作平台，平台的坡比为10%。

2）平台的单边宽度不小于洞口的直径尺寸，且平台的表面应予以硬化。成孔后或停止作业时桩孔设钢筋盖板。

3）平台上设置双开式活动安全门，其强度应能承受2kN/m²水平荷载；安全门的外边距洞口边沿不小于20cm。

4）距洞口边沿1m之外，应设置1.5m高的防护栏杆，且能安全承受2000N的重力冲击。

人工挖孔桩洞口防护平面示意图如图 2-2-39 所示，人工挖孔桩洞口安全防护门示意图如图 2-2-40 所示。

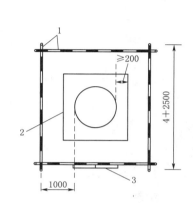
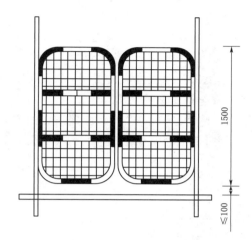

图 2-2-39　人工挖孔桩洞口防护
平面示意图（单位：mm）
1—防护栏杆；2—钢筋盖板；3—安全门

图 2-2-40　人工挖孔桩洞口安全
防护门示意图（单位：mm）

四、安全通道

高处作业、多层交叉作业、隧道（隧洞）出口、运行设备等可能造成落物的人行通道处，以及进入建筑物的入口处，必须设置安全防护通道。施工区域、作业区及建筑物，应执行消防安全的有关规定，应设有宽度不小于 3.5m 的消防通道，设置必备的消防水管、消防栓，配备相应的消防器材和设备，保持消防通道畅通。

（一）基本要求

（1）安全通道应采用建筑钢管扣件脚手架或其他型钢材料搭设。

（2）安全通道的防护棚采用双层顶部形式（顶部层间距离不大于 60cm）。顶部满铺双层正交竹串片脚手板或 50mm 厚木板，并设封闭的防护栏或挡板，整体应能承受 10kPa 的均布静荷载。

（3）特别重要或大型的安全通道、防护棚及悬挑式防护设施必须制定专项技术方案，并应经项目技术负责人审查，按规定程序报审批准。

（二）安全通道的搭设

（1）安全通道净空高度和宽度应根据通道所处位置及人、车通行要求确定，高度一般不低于 3.5m，宽度一般不小于 3m。高度在 15m 以下建筑物，其进出口通道长度不短于 3m；高度在 15～30m 的建筑物，其进出口通道长度不短于 4m；高度超过 30m 的建筑物，其进出口通道长度不短于 5m。通道长度自脚手架外排立杆起算。

（2）立杆基础必须硬化处理，通道使用期内不得发生地面沉陷，立杆必须沿通行方向通长设置扫地杆和剪刀撑。

（3）常规安全通道立杆纵距不应超过 1.5m，防护棚顶部悬挑 0.3～0.5m，双层防护棚层间距为 0.5～0.6m。

（4）宽度超过 3.5m 或高度超过 4m 的安全通道，立杆间距应加密或使用双立杆、型钢或脚手架管格构式立柱，或搭设承重脚手架。

（5）安全通道侧边应设置隔离栏杆，引导行人从安全通道内通过，必要时满挂密目网封闭。

（6）通道口及通道内应设置明确的警示标牌、引导标志和设施。

（三）安全通道防护方式

（1）紧邻生活区、办公区和交通道路的安全通道。安全通道正面示意图如图 2-2-41 所示，安全通道侧面示意图如图 2-2-42 所示。

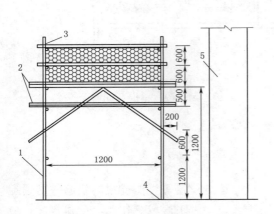

图 2-2-41　安全通道正面示意图（单位：mm）
1—密目安全网；2—18mm 厚模板；3—φ48m×3.5mm 钢管；
4—水平扫地杆；5—建筑物

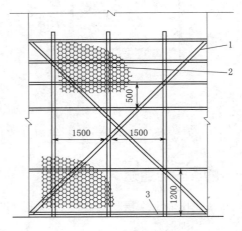

图 2-2-42　安全通道侧面示意图（单位：mm）
1—剪刀撑；2—密目安全网；3—水平扫地杆

立、横杆间距不大于 1.5m；通道顶部设置 1.2m 高的防护栏杆及密目网，防止掉落材料飞溅。

（2）场区内的安全通道。通道顶部设置不低于 0.8m 高的防护栏杆及密目网，防止掉落材料飞溅。现场的安全通道正面示意图、侧面示意图分别如图 2-2-43 和图 2-2-44 所示。

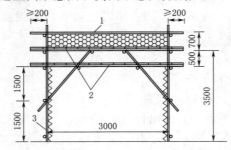

图 2-2-43　现场的安全通道正面示意图（单位：mm）
1—φ48mm×3.5mm 钢管；2—正交铺设 18mm 厚木板；3—密目安全网

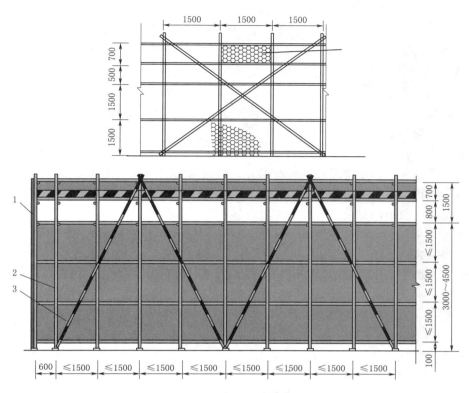

图 2-2-44 现场的安全通道侧面示意图（单位：mm）

1—密目安全网；2—ϕ48mm×3.5mm 钢管；3—剪刀撑

（四）进入建筑物内的安全通道

（1）防护栏杆采用的钢管、扣件及防护用材料应符合现行国家标准。

（2）通道的单边宽度比进入门洞宽出 0.3m；通道顶部周边设置不小于 0.3m 高的防护板。

图 2-2-45 为进入建筑物内的安全通道正、侧面图。

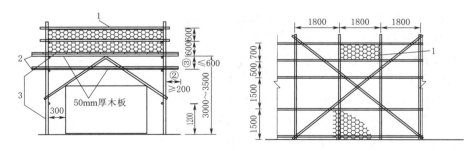

图 2-2-45 进入建筑物内的安全通道正、侧面图（单位：mm）

1—密目安全网；2—ϕ48mm×3.5mm 钢管；3—正交铺设 18mm 厚木板

（五）进入施工作业面的人行安全通道

上下人行通道可附着在建筑物设置，也可附着在脚手架内、外侧设置，但搭设通道的杆件必须独立设置。

1. 人行斜道

人行通道并兼作材料运输的斜道的型式宜按下列要求确定：

（1）高度不大于6m的脚手架，宜采用"一"字形斜道；高度大于6m的脚手架，宜采用"之"字形斜道。

（2）斜道的构造应符合下列规定：

斜道应附着在外脚手架或建筑物设置；运料斜道宽度不应小于1.5m，坡度不应大于1：6；人行斜道宽度不应小于1m，坡度不应大于1：3；拐弯处应设置平台，其宽度不应小于斜道宽度；斜道两侧及平台外围均应设置栏杆及挡脚板。栏杆高度应为1.2m，挡脚板高度不应小于180mm。

运料斜道宽度不小于1.5m，坡度不大于1：6时斜道示意图如图2-2-46所示，人行斜道宽度不小于1m，坡度不大于1：3时斜道示意图如图2-2-47所示。

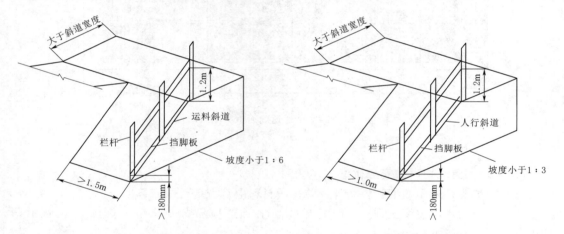

图2-2-46　运料斜道宽度不小于1.5m、　　　　图2-2-47　人行斜道宽度不小于1m、
坡度不大于1：6时的斜道示意图　　　　　　坡度不大于1：3时的斜道示意图

脚手板必须按脚手架的宽度满铺，板与板之间靠紧，脚手板横铺时，应在横向水平杆下增设纵向支托杆，纵向支托杆间距不应大于500mm。

进入作业面的人行斜道结构图如图2-2-48所示，人行斜道脚手板剖面示意图如图2-2-49所示。

注意：斜道木脚手板构造应符合下列规定：脚手板横铺时，应在横向水平杆下增设纵向支托杆，纵向支托杆间距不应大于500mm；脚手板顺铺时，接头应采用搭接，下面的板头应压住上面的板头，板头的凸棱处应采用三角木填顺；人行斜道和运料斜道的脚手板上应每隔250～300mm设置一根防滑木条，木条厚度应为20～30mm。脚手板厚度不小于50mm，宽度不小于200mm。斜道上的施工均布荷载标准值不应低于2.0kN/m²。

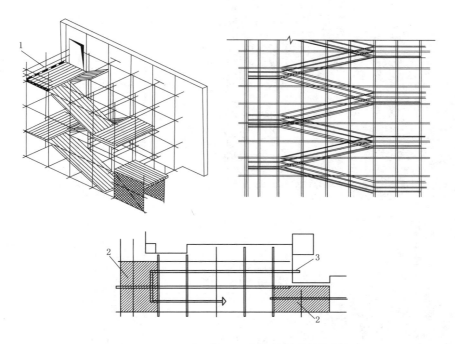

图 2-2-48 进入作业面的人行斜道结构图

1—防护栏杆、挡脚板；2—休息平台；3—通道入口

说明：安全通道、斜道两侧必须按 1 样式设置防护栏杆和挡脚板。

（3）运料斜道两端、平台外围和端部均应按《建筑施工扣件式钢管脚手架安全技术规范》（JGJ 130—2011）的规定设置连墙件、剪刀撑和横向斜撑。

连墙件：连墙件设置的位置、数量应按专项施工方案确定；连墙件数量的设置应满足计算要求；连墙件中的连墙杆应呈水平设置，当不能水平设置时，应向脚手架一端下斜连接；连墙件必须采用可承受拉力和压力的构造。

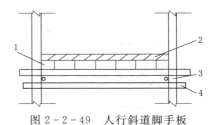

图 2-2-49 人行斜道脚手板
剖面示意图（单位：mm）

1—脚手板横铺；2—防滑条 20mm×30mm；
3—脚手架横向水平杆 φ48mm×3.5mm 钢
管；4—纵向支托杆不大于 500mm

剪刀撑和横向斜撑：每道剪刀撑宽度不应小于 4 跨，且不应小于 6m，斜杆与地面的倾角应在 45°～60°之间；剪刀撑斜杆应用旋转扣件固定在与之相交的横向水平杆的伸出端或立杆上，旋转扣件中心线至主节点的距离不应大于 150mm。

（4）入口处门洞高不小于 1.8m，门洞两侧须挂设安全警示标志牌，斜道两侧必须设置密目网。

人行斜道防护示意图如图 2-2-50 所示，进入基坑人行斜道剖面示意图如图 2-2-51 所示。

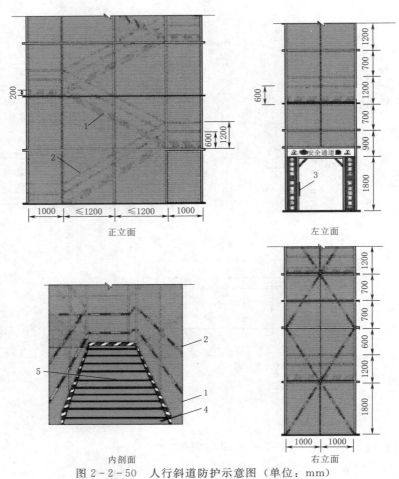

图 2-2-50　人行斜道防护示意图（单位：mm）

1—挡脚板；2—防护栏杆 ϕ48mm×3.5mm 钢管；3—提示牌；4—木板；5—防滑条

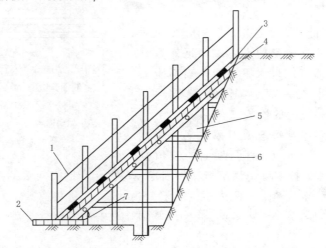

图 2-2-51　进入基坑人行斜道剖面示意图

1—护栏；2—垫板；3—挡脚板；4—脚手板；5—基坑；6—脚手架 ϕ48mm×3.5mm 钢管；7—水平扫地杆

（5）当高度小于6m时，宜采用"一"字形斜道；高度大于6m时，采用"之"字形斜道，人行斜道的宽度不小于1m，坡度1∶3，运料通道宽度1.5m，坡度1∶6。斜道两侧及平台周围应设置栏杆和挡脚板。斜道上的脚手板应每隔30cm设置一道防滑条，木条厚度为3cm。

"之"字形钢框架人行斜道示意图如图2-2-52所示，进入基坑的人行爬梯侧面示意图如图2-2-53所示，进入基坑的人行爬梯示意图如图2-2-54所示。

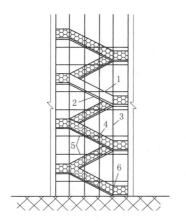 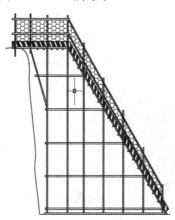

图2-2-52　"之"字形钢框架人行斜道示意图　图2-2-53　进入基坑的人行爬梯侧面示意图
1—防护栏杆 ϕ48mm×3.5mm 钢管；2—撑杆；
3—立杆 ϕ48mm×3.5mm 钢管；4—挡脚板；
5—撑杆 ϕ48mm×3.5mm 钢管；6—安全网

图2-2-54　进入基坑的人行爬梯示意图

2. 钢斜梯

（1）钢斜梯梯高宜不大于5m，大于5m时宜设梯间平台（休息平台），分段设梯。

（2）斜梯内侧净宽度单向通行的净宽度宜为600mm，经常性单向通行及偶尔双向通行净宽度宜为800mm，经常性双向通行净宽度宜为1000mm。

（3）梯梁宜采用工字钢或槽钢；踏脚板宜采用不小于 ϕ20mm 的钢筋三根与小角钢或25mm×4mm 扁钢与小角钢组焊成的格子板，踏脚板的前后深度应不小于100mm。

（4）边缘扶手栏杆高不应小于1m，扶手立柱间距不宜大于2m，均采用外径不小于30mm、壁厚不小于2mm的管材。

（5）梯宽度不小于0.6m。

（6）扶梯高度大于 5m 时，宜设梯间平台，分段设梯。

（7）扶梯焊接、安装应牢固可靠。

（8）钢扶梯优选倾角为 30°～35°；偶尔性进入的最大倾角宜为 42°；经常性双向通行的最大倾角宜为 38°。

（9）钢斜梯设计载荷应按实际使用要求确定，但应不小于本部分规定的数值。应能承受 5 倍预定活载荷标准值，并不应小于施加在任何点的 4.4kN 的集中载荷。

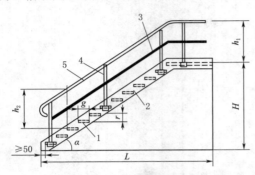

图 2-2-55　钢斜梯示意图

1—踏板；2—梯梁；3—中间栏杆；4—立柱；
5—扶手；H—梯高；L—梯跨；h_1—栏杆高；
h_2—扶手高；α—梯子倾角；r—踏步高；
g—踏步宽

钢斜梯水平投影面上的均布活载荷标准值应不小于 3.5kN/m²。踏板中点集中活载荷应不小于 1.5kN，在梯子内侧宽度上均布载荷不小于 2.2kN/m。

斜梯扶手应能承受在除了向上的任何方向施加的不小于 1000N 的集中载荷，在相邻立柱间的最大挠曲变形应不大于跨度的 1/250。中间栏杆应能承受在中点圆周上施加的不小于 1000N 的水平集中载荷，最大挠曲变形不大于 75mm。端部或末端立柱应能承受在立柱顶部施加的任何方向上 1000N 的集中载荷。以上载荷不进行叠加。

钢斜梯示意图如图 2-2-55 所示。

3. 钢爬梯

（1）钢爬梯单段梯高宜不大于 10m，攀登高度大于 10m 时宜采用多段梯，梯段水平交错布置，并设梯间平台，平台的垂直间距宜为 8m。单段梯及多段梯的梯高均应不大于 15m。钢直梯示意图如图 2-2-56 所示。

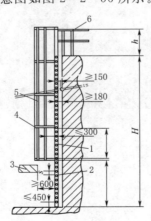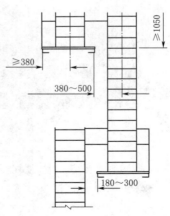

图 2-2-56　钢直梯示意图（单位：mm）

1—梯梁；2—踏棍；3—非连续障碍；4—护笼笼箍；5—护笼立杆；6—栏杆；
H—梯段高，H≤1500mm；h—栏杆高，h≥1050mm；s—踏棍间距，s=225～300

说明：1. 图中省略了梯子支撑。对前向进出式梯子，顶端踏棍上表面应与到达平台或屋面平齐，由踏棍中心线到前面最近的结构、建筑物或设备边缘的距离应为 180～300mm，必要时应提供引导平台使通过距离减少至 180～300mm。
2. 侧向进出式梯子中心线至平台或屋面距离应为 380～500mm。梯梁外侧与平台或屋面之间距离应为 180～300mm。

多段梯每梯段高度大于 3m 时，宜设置安全护笼。单段梯高度大于 7m 时，应设置安全护笼。当攀登高小于 7m，但梯子顶部在地面、地板或构筑物顶之上高度大于 7m 时，也应设置安全护笼（图 2－2－57）。

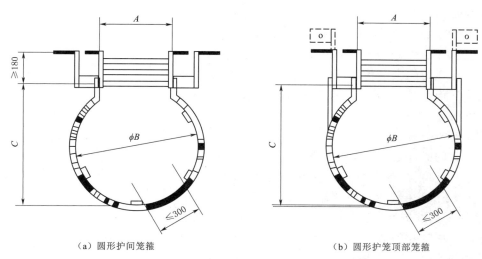

（a）圆形护间笼箍　　　　　　　　　　（b）圆形护笼顶部笼箍

图 2－2－57　护笼结构示意图（单位：mm）

$A＝400\sim600mm$；$B＝650\sim800mm$；$C＝650\sim800mm$

说明：护笼宜采用圆形结构，应包括一组水平笼箍和至少 5 根立杆。其他等效结构也可采用。

（2）钢爬梯梯梁宜采用不小于∟50mm×50mm 角钢或不小于 ϕ30mm 的钢管；踏棍宜采用不小于 ϕ20mm 圆钢。焊接制作安装应牢固可靠；钢爬梯宽度不宜小于 0.3m，踏棍间距为 0.3m 为宜；钢爬梯与建筑物、设备、墙壁、竖井之间的净间距不得小于 0.15m；钢爬梯超出水平面两侧扶手不得小于 1.2m。

（3）梯梁设计载荷按组装固定后其上端承受 2kN 的垂直集中活载荷计算。踏棍设计载荷按在其中点承受 1kN 的垂直集中活载荷计算。允许挠度不大于踏棍长度的 1/250。梯子支撑及其连接件应能承受 3kN 的垂直载荷及 0.5kN 的拉出载荷。

4. 木单梯和木折梯

梯子的长度与其承受的荷载密切相关。木单梯和木折梯各长度的对应额定荷载见表 2－2－2。

表 2－2－2　　　　　　施工现场的木单梯和木折梯各长度的对应额定荷载

额定荷载/kg	单梯长度/m	木 折 梯/m	
		踏板折梯	双面折梯
90	2.5～4.2	0.9～2	—
100	2.5～6	0.9～3.6	—
110	2.5～9	0.9～6	0.9～6
135	2.5～9	0.9～6	0.9～6

注　木单梯的长度不应超过 5m。单梯长度 3m 以下的，内侧净宽度尺寸不应小于 280mm；长度大于 3m 的单梯，梯长增加 0.6m，内侧净宽尺寸增加 6mm。单梯使用时的工作角度为 75°±5°。

木折梯梯长不应超过 5m；在顶部踏板（或踏棍）处两梯框间的最小净宽度不应小于 280mm。踏板折梯（单面梯）张开到工作位置时前梯倾角不应大于 73°，后部倾角不应大于 80°。双面折梯张开到工作位置时，两梯段的梯倾角均不应大于 77°。

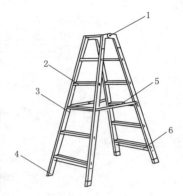

木单梯的梯框截面尺寸不得小于 50mm×80mm；踏板的截面尺寸不得小于 40mm×45mm；踏板间距为 275～300mm；最下一个踏板与两梯框底端的距离均为 275mm；梯脚应采用通用的合成橡胶（丁苯橡胶）制作。直梯的两端踏板的下面需用直径不小于 5mm 的钢杆加固，其螺母与梯梁接触面应加金属垫圈。踏板与梯框间采用榫接，榫头用木楔钉牢涨紧（钢钉加固）。

木折梯的梯框截面尺寸不得小于 50mm×80mm；踏板的截面尺寸不得小于 35mm×75mm；踏板间距为 275～300mm；最下一个踏板与两梯框底端的距离均为 275mm；梯脚应采用通用的合成橡胶（丁苯橡胶）制作。直梯的两端踏板的下面需用直径不小于 5mm 的钢杆加固，其螺母与梯梁接触面应加金属垫圈。所有金属配件都应用螺栓紧固。平台应与梯子牢固连接，铰链销轴直径不小于 8mm；活动部件的安装或组合应保证运转灵活，避免弯曲或松动。

图 2-2-58 木折梯示意图
1—铰链；2—踏板；3—梯梁；
4—梯脚；5—撑杆；6—固定钢杆

木折梯和简易木梯示意图如图 2-2-58 和图 2-2-59 所示。

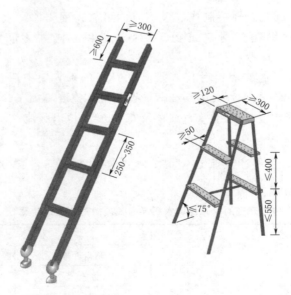

图 2-2-59 简易木梯示意图（单位：mm）

5. 施工软梯

施工软梯的特点可随地固定、直接悬挂、经久耐用、轻质高强、使用方便、安全适用，是高空作业、垂直上下替代繁杂手架的最佳理想的登高工具。

（1）施工软梯的类型：

1）钢丝软绳（图 2-2-60）。骨架使用 $\phi2.5mm$ 或 $\phi3.0mm$ 不锈钢丝绳，脚踏处是环氧树脂或木条，软梯整体安全承重在 150kg 以上。

2）尼龙软梯（图 2-2-61）。是用白色高强丙纶，内衬白色五股涤纶绳，纯手工编织而成，直径 18～20mm（这种编织工艺的特点是，软梯在攀爬时不容易变形或伸长，更结实耐用）；加固防滑型软梯脚踩管（梯蹬管）由环氧树脂制成，俗称玻璃钢，直径 23mm，宽度 33cm，梯蹬管内穿有 4 根高强涤纶绳，安全双保险。

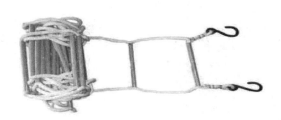

图 2-2-60　钢丝软绳　　　　　　　　　　图 2-2-61　尼龙软梯

（2）施工软梯使用安全措施：施工软梯上端要牢靠固定在吊盘上，固定要有生根点；施工软梯在安装时，要派专人负责，沿建（构）筑物缓慢升降，同时要有专人负责观察；在有人员升降时，每次只允许一人上行或下行，严禁多人同时上、下行；施工软梯要每班进行一次检查，检查联接和固定是否牢靠；人员上、下行时要精力集中，要挂好保险带，保险带悬挂要有生根点。

（六）通道防护的相关标准规范要求

1.《水利水电工程施工安全防护设施技术规范》（SL 714—2015）

（1）基本规定。施工现场存放设备、材料的场地应平整牢固，设备材料存放整齐稳固，周围通道畅通，且宽度宜不小于 1.00m。

（2）作业面。

1）钢管脚手架应符合以下规定：

a.走道脚手架应铺牢固，临空面应有防护栏杆，并钉有挡脚板。斜坡板、跳板的坡度不应大于 1：3，宽度不应小于 1.5m，防滑条的间距不应大于 0.3m。

b.平台脚手板铺设应平稳、满铺，绑牢或钉牢；与墙面距离不应大于 20cm，不应有空隙和探头板；脚手板搭接长度不得小于 20cm，对头搭接时，应架设双排小横杆，其间距不大于 20cm，不应在跨度间搭接；脚手架的拐弯处，脚手板应交叉搭接。

c.高处作业面垂直通行必须设有钢扶梯、爬梯或简易木梯。

2）施工现场钢扶梯、爬梯或简易木梯应符合以下规定：

a. 梯梁采用工字钢或槽钢，截面尺寸应通过计算确定。

b. 踏脚板应采用不小于 $\phi20mm$ 的钢筋三根与小角钢或 $25mm×4.0mm$ 扁钢与小角钢组焊成的格子板，踏脚板的宽度为 0.10m，踏脚板间距宜为 0.30m 等距离分布。

c. 边缘扶手栏杆高不应小于 1.00m，扶手立柱间距不宜大于 2.00m，均采用外径不小于 30mm，壁厚不小于 2.00mm 的管材。

d. 梯宽度不小于 0.60m。

e. 扶梯高度大于 5.00m 时，宜设梯间平台，分段设梯。

f. 扶梯焊接、安装应牢固可靠。

3）钢爬梯应符合下列规定：

a. 梯梁宜采用不小于∟50mm×50mm 的角钢或不小于 $\phi30mm$ 的钢管。

b. 踏棍宜采用不小于 $\phi20mm$ 的圆钢，间距宜为 30cm 等距离分布。

c. 爬梯与建筑物或设备之间的净距离不得小于 0.15m。

d. 梯段高度超过 5.00m，后侧临空面应设置与用途相适应的护笼，护笼直径 650～800mm。

e. 超长直爬梯，每隔 6.00m 应设置梯间平台。

f. 爬梯宽度不宜小于 0.30m。

g. 爬梯焊接、安装应牢固可靠。

4）简易木梯应符合下列规定：

a. 木梯长度不宜超过 3m，宽度不宜小于 0.50m。

b. 梯梁截面尺寸不得小于 $5.00cm×8.00cm$，梢径不得小于 8.00cm，踏棍间距不宜大于 0.30m。

c. 安放立梯工作角度以 75°±5°为宜，必须固定稳固。

不宜在同一垂直方向上同时进行多层交叉作业。上下两层交叉作业时，底层作业面上方必须设置防止上层落物伤人的隔离防护棚，防护棚宽度应超过作业面边缘 1.0m 以上。防护棚材料宜使用 5.00cm 厚的木板等抗冲击材料，且满铺无缝隙，经验收符合设计要求后使用，并定期检查维护。

（3）通道。永久性机动车辆道路、桥梁、隧道，应按照《公路工程技术标准》（JTG B01）的有关规定，并考虑施工运输的安全要求进行设计修建。

1）栈桥、栈道应根据施工荷载设计确定，且应符合下列要求：

a. 基础稳固、平坦畅通。

b. 人行便桥、栈桥宽度不应小于 1.2m。

c. 手推车便桥、栈桥宽度不应小于 1.5m。

d. 机动翻斗车便桥、栈桥，应根据载荷进行设计施工，其最小宽度不应小于 2.5m。

e. 设置防护栏杆、限载及相应安全警示标识。

2）施工场内人行及人力货运通道应符合以下要求：

a. 牢固、平整、整洁、无障碍、无积水。

b. 宽度不小于 1.00m。

c. 危险地段设置防护设施和警告标志。

d. 冬季雪后有防滑措施。

e. 设置防护栏杆、限载及相应安全警示标识。

施工现场各类便桥、栈桥上不应堆放设备及材料等物品，应及时维护、保养，定期进行检查。

高处施工通道的临边（如栈桥、栈道、悬空通道的两侧、架空皮带机廊道的边沿、垂直运输设备与建筑物相连通的通道两侧等）必须设置安全防护栏杆。当临空边沿下方有人作业或通行时，还应在安全防护栏杆下部设置高度不低于 0.20m 的挡脚板。

排架、井架、施工用电梯、大坝廊道、隧洞等出入口和上部有施工作业的通道，应设有防护棚，其长度应超过可能坠落范围，宽度不应小于通道的宽度。当可能坠落的高度超过 24m 时，应设双层防护棚。

悬空的通道跨度小于 2.50m 时，可用厚 7.50cm、宽 15cm 的方木搭设。通道两侧应设防护栏杆，超长悬空人行通道的搭设应经设计计算。

施工现场主要通道应做硬化处理，防止滑坡下陷，并视情况设安全交通标色标牌。

根据施工生产防火安全的需要，合理布置消防通道。施工作业区及各种建筑物处应设有宽度不小于 4.00m 的消防通道，并保持畅通。

施工现场的机动车道与外电架空线路交叉时，架空线路的最低点与路面的垂直距离应不小于表 2-2-3 的规定。

表 2-2-3　　　　施工现场的机动车道与外电架空线路交叉时的最小垂直距离

外电线路电压/kV	<1	1~10	35
最小垂直距离/m	6	7	7

2.《水电水利工程施工安全防护设施技术规范》（DL 5162—2013）

（1）基本规定。施工现场存放设备、材料的场地应平整牢固，设备材料存放整齐稳固，周围通道畅通，且宽度宜不小于 1.00m。

（2）作业面。施工现场钢扶梯、爬梯应符合以下规定：

1）钢直梯安全技术条件应符合《固定式钢梯及平台安全要求　第 1 部分：钢直梯》（GB 4053.1—2009）的规定。

2）钢斜梯安全技术条件应符合《固定式钢梯及平台安全要求　第 2 部分：钢斜梯》（GB 4053.2—2009）的规定。

（3）通道。施工场内人行及人力货运通道应符合以下要求：

1）牢固、平整、整洁、无障碍、无积水。

2）宽度不小于 1.00m。

3）危险地段设置防护设施和警告标志。

4）冬季雪后有防滑措施。

高处施工通道的临边必须设置高度不低于 1.2m 的安全防护栏杆。当临空边沿下方有人作业或通行时，还应封闭底板，并在安全防护栏杆下部设置高度不低于 0.20m 的挡脚板。

排架、井架、施工用电梯、大坝廊道及隧洞等出入口和上部有施工作业的通道，应设有防护棚，其长度应超过可能坠落范围，宽度不应小于通道的宽度。

3.《水利水电工程施工通用安全技术规程》（SL 398—2007）

（1）基本规定。

1）施工生产现场临时的机动车道路，宽度不宜小于 3.0m，人行通道宽度不宜小于 0.8m，做好道路日常清扫、保养和维修。

2）交通频繁的施工道路、交叉路口应按规定设置警示标志或信号指示灯；开挖、弃渣场地应设专人指挥。

（2）安全防护设施：施工走道、栈桥与梯子。

1）高处作业垂直通行应设有钢扶梯、爬梯或简易木梯。

2）钢扶梯梯梁宜采用工字钢或槽钢；踏脚板宜采用不小于 $\phi 20mm$ 的钢筋、扁钢与小角钢；扶手宜采用外径不小于 30mm 的钢管。焊接制作安装应牢固可靠。钢扶梯宽度不宜小于 0.8m，踏脚板宽度不宜小于 0.1m，间距以 0.3m 为宜。钢扶梯的高度大于 8m 时，宜设梯间平台，分段设梯。

3）钢爬梯梯梁宜采用不小于∟50mm×50mm 的角钢或不小于 $\phi 30mm$ 的钢管；踏棍宜采用不小于 $\phi 20mm$ 的圆钢。焊接制作安装应牢固可靠；钢爬梯宽度不宜小于 0.3m，踏棍间距以 0.3m 为宜；钢爬梯与建筑物、设备、墙壁、竖井之间的净间距不应小于 0.15m，钢爬梯的高度超过 5m 时，其后侧临空面宜设置相应的护笼，每隔 8m 宜设置梯间平台。

4）简易木梯材料应轻便坚固，长度不宜超过 3m，底部宽度不宜小于 0.5m；梯梁梢径不小于 8cm，踏步间距以 0.3m 为宜。

5）人字梯应有限制开度的链条绳具。

（3）梯子使用应符合以下规定：

1）工作前应把梯子安放稳定。梯子与地面的夹角宜为 60°，顶端应与建筑物靠牢。

2）在光滑坚硬的地面上使用梯子时，梯脚应套上橡皮套或在地面上垫防滑物（如橡胶布、麻袋）。

3）梯子应安放在固定的基础上，严禁架设在不稳固的建筑物上或悬吊在脚手架上。

4）在梯子上工作时要注意身体的平稳，不应两人或数人同时站在一个梯子上工作。

5）上下梯子不宜手持重物。工具、材料等应放在工具袋内，不应上下抛掷。

6）使用梯子宜避开机械转动部分以及起重、交通要道等危险场所。

7）梯子应有足够的长度，最上两挡不应站人工作，梯子不应接长或垫高使用。

（4）绳梯的使用应符合以下规定：

1）绳梯的安全系数不应小于 10。

2）绳梯的吊点应固定在牢固的承载物上，并应注意防火、防磨、防腐。

3）绳梯应指定专人负责架设。使用前应进行认真检查。

4）绳梯每半年应进行一次荷载试验。试验时应以 500kg 的重量挂在绳索上，经 5min，若无变形或损坏，即认为合格。

试验结果应作记录，应由试验者签章，未按期作试验的严禁使用。

（5）栏杆、盖板与防护棚。

1) 在同一垂直方向同时进行两层以上交叉作业时，底层作业面上方应设置防止上层落物伤人的隔离防护棚，防护棚宽度应超过作业面边缘 1m 以上。

2) 施工道路、通道上方可能落物伤人地段以及隧洞出口，施工用电梯、吊篮出入口处应设有防护棚，防护棚高度应不影响通行，宽度不应小于通行宽度。

3) 防护棚应安装牢固可靠，棚面材料宜使用 5cm 厚的木板等抗冲击材料，且满铺无缝隙，经验收符合设计要求后使用，并定期检查维修。

4. 《水电水利工程施工通用安全技术规程》（DL/T 5370—2017）

（1）基本规定。

施工生产现场临时的机动车道路，宽度不宜小于 3.0m，人行通道宽度不小于 0.8m，做好道路日常清扫、保养和维修。

交通频繁的施工道路、交叉路口应按规定设置警示标志或信号指示灯；开挖、弃渣场地应设专人指挥。

（2）安全防护设施：施工走道、栈桥与梯子。

1) 施工场所内人行及人力货运走道（通道）基础应牢固，走道表面保持平整、整洁、畅通，无障碍堆积物，无积水。

2) 施工走道的临空（2m 高度以上）、临水边缘应设有高度不低于 1.2m 的安全防护栏杆，临空下方有人施工作业或人员通行时，沿栏杆下侧应设有高度不低于 0.2m 的挡板。

3) 施工走道宽度一般不得小于 1m。

4) 施工栈桥和栈道的搭设应根据施工荷载设计施工。

5) 跨度小于 2.5m 的悬空走道（通跳）宜用厚 7.5cm、宽 15cm 的方木搭设，超过 2.5m 的悬空走道搭设应经设计计算后施工。

6) 施工走道上方和下方有施工设施或作业人员通行时应设置大于通道宽度的隔离防护棚。

7) 出现霜雪冰冻后，施工走道应采取相应防滑措施。

8) 高处作业垂直通行应设有钢扶梯，爬梯或简易木梯。

9) 钢扶梯梯梁宜采用工字钢或槽钢；踏脚板宜采用不小于 $\phi 20mm$ 钢筋、扁钢与小角钢；扶手宜采用外径不小于 30mm 的钢管。焊接制作安装应牢固可靠。钢扶梯宽度不宜小于 0.8m，踏脚板宽度不宜小于 0.1m、间距以 0.3m 为宜。钢扶梯的高度大于 8m 时，宜设梯间平台，分段设梯。

10) 钢爬梯梯梁宜采用不小于∟50mm×50mm 的角钢或不小于 $\phi 30mm$ 的钢管；踏棍宜采用不小于 $\phi 20mm$ 圆钢。焊接制作安装应牢固可靠；钢爬梯宽度不宜小于 0.3m，踏棍间距为 0.3m 为宜；钢爬梯与建筑物、设备、墙壁、竖井之间的净间距不得小于 0.15m，钢爬梯的高度超过 5m 时，其后侧临空面宜设置相应的护笼，每隔 8m 宜设置梯间平台。

11) 简易木梯材料应轻便坚固，长度不宜超过 3m，底部宽度不宜小于 0.5m；梯梁梢径不小于 8cm，踏步间距以 0.3m 为宜。

12) 人字梯应有限制开度的链条绳具。

（3）梯子使用应符合以下规定：

1）工作前应把梯子安放稳定。梯子与地面的夹角以 60°为宜，顶端应与建筑物靠牢。

2）在光滑坚硬的地面上使用梯子时，梯脚应套上橡皮套或在地面上垫防滑物（如橡胶布、麻袋）。

3）梯子应安放在固定的基础上，禁止架设在不稳固的建筑物上或悬吊在脚手架上。

4）在梯子上工作时要注意身体的平稳，不得两人或数人同时站在一个梯子上工作。

5）上下梯子不宜手持重物。工具、材料等应放在工具袋内，不得上下抛掷。

6）使用梯子要尽量避开机械转动部分以及起重、交通要道等危险场所。

7）梯子应有足够的长度，最上两档不得站人工作，梯子不得接长或垫高使用。

（4）绳梯的使用应符合以下规定：

1）绳梯的安全系数不得小于 10。

2）绳梯的吊点应固定在牢固的承载物上，并注意防火、防磨、防腐。

3）绳梯应指定专人负责架设。使用前应进行认真检查。

4）绳梯每半年应进行一次荷载试验。试验时以 500kg 的重量挂在绳索上，经 5min，若无变形或损坏，即认为合格。试验结果应作记录，由试验者签章，未按期作试验的禁止使用。

（5）栏杆、盖板与防护棚。

1）在同一垂直方向同时进行二层以上交叉作业时，底层作业面上方应设置防止上层落物伤人的隔离防护棚，防护棚宽度应超过作业面边缘 1m 以上。

2）施工道路、通道上方可能落物伤人地段以及隧洞出口，施工用电梯、吊篮出入口处应设有防护棚，防护棚高度应不影响通行，宽度不应小于通行宽度。

3）防护棚应安装牢固可靠，棚面材料宜使用 5cm 厚的木板等抗冲击材料，且满铺无缝隙，经验收符合设计要求后使用，并定期检查维修。

第三章

个人安全防护措施

第一节　安　全　网

安全网是指用来防止人、物坠落，或用来避免、减轻坠落及物击伤害的网具。安全网一般由网体、边绳、系绳等组成。

安全网按功能分为安全平网、安全立网及密目式安全立网。安全平网是指安装平面不垂直于水平面，用来防止人、物坠落，或用来避免、减轻坠落及物击伤害的安全网，简称为平网；安全立网是指安装平面垂直于水平面，用来防止人、物坠落，或用来避免、减轻坠落及物击伤害的安全网，简称为立网；密目式安全立网是指网眼孔径不大于12mm，垂直于水平面安装，用于阻挡人员、视线、自然风、飞溅及失控小物体的网，简称为密目网。密目网一般由网体、开眼环扣、边绳和附加系绳组成。

密目式安全立网有5A级密目式安全立网和6B级密目式安全立网两种。5A级密目式安全立网是指在有坠落风险的场所使用的密目式安全立网，简称为A级密目网；6B级密目式安全立网是指在没有坠落风险或配合安全立网（护栏）完成坠落保护功能的密目式安全立网，简称为B级密目网。

安全网附件有开眼环扣、边绳、系绳和筋绳。

开眼环扣是密目网上用金属或其他硬质材料制成的、中间开有孔的环状扣。两个环扣间的距离叫环扣间距。边绳是沿网体边缘与网体连接的绳。系绳是把安全网固定在支撑物上的绳。筋绳是为增加平（立）网强度而有规则地穿在网体上的绳。

一、安全网分类标记

1. 平（立）网的分类标记

由产品材料、产品分类及产品规格尺寸三部分组成：

（1）产品分类以字母P代表平网、字母L代表立网。

（2）产品规格尺寸以宽度×长度表示，单位为米。

（3）阻燃型网应在分类标记后加注"阻燃"字样。

示例1：宽度为3m，长度为6m，材料为锦纶的平网表示为：锦纶P-3×6。

示例2：宽度为1.5m，长度为6m，材料为维纶的阻燃型立网表示为：维纶L-1.5×6

阻燃。

2. 密目网的分类标记

由产品分类、产品规格尺寸和产品级别三部分组成：

(1) 产品分类以字母 ML 代表密目网。

(2) 产品规格尺寸以宽度×长度表示，单位为 m。

(3) 产品级别分为 A 级和 B 级。

示例：宽度为 1.8m，长度为 10m 的 A 级密目网表示为：ML1.8×10A 级。

二、技术要求

(一) 安全平（立）网

1. 材料

平（立）网可采用锦纶、维纶、涤纶或其他材料制成，其物理性能、耐候性应符合《安全网》(GB 5725—2009) 的相关规定。平（立）网的绳结构、节点、网目形状检验采用目测。

2. 质量

单张平（立）网质量不宜超过 15kg。平（立）网的重量采用精度不低于 0.05kg 的秤称量。

3. 绳结构

平（立）网上所用的网绳、边绳、系绳、筋绳均应由不少于 3 股单绳制成。绳头部分应经过编花、燎烫等处理，不应散开。

4. 节点

平（立）网上的所有节点应固定。

5. 网目形状及边长

平（立）网的网目形状应为菱形或方形，按"网目边长的测量"规定的方法测量网目边长，其网目边长不应大于 8cm。

6. 网目边长的测量

平（立）网的网目边长采用精度不低于 1mm 的长度测量设备进行测量。沿测量方向在相邻的两根平行网绳上各施加 (10±1)N 的预加张力，然后在其中一根网绳上测量连续 n 个 ($n \geqslant 10$) 网目的总边长，除以测量的网目个数后得到安全网的网目边长。结果保留小数点后一位。

7. 规格尺寸

按"规格尺寸的测量"规定的方法测量平（立）网的规格尺寸，平网宽度不应小于 3m，立网宽（高）度不应小于 1.2m。平（立）网的规格尺寸与其标称规格尺寸的允许偏差为 ±4%。

规格尺寸的测量：平（立）网的规格尺寸采用精度不低于 10mm 的长度测量设备测量。沿测量方向在边绳上施加 (500±50)N 的预加张力，然后测量平（立）网的边长。结果保留小数点后一位。

8. 系绳间距及长度

平（立）网的系绳与网体应牢固连接，各系绳沿网边均匀分布，相邻两系绳间距不应大于 75cm，系绳长度不小于 80cm。当筋绳加长用作系绳时，其系绳部分必须加长，且与边绳系紧后，再折回边绳系紧，至少形成双根。

9. 筋绳间距

平（立）网如有筋绳，则筋绳分布应合理，平网上两根相邻筋绳的距离不应小于 30cm。

10. 绳断裂强力

按"绳断裂强力测试"规定进行测试，平（立）网的绳断裂强力应符合表 3-1-1 的规定。

表 3-1-1　　　　　　　　　　平（立）网的绳断裂强力要求

网类别	绳类别	绳断裂强力要求/N	网类别	绳类别	绳断裂强力要求/N
安全平网	边绳	≥7000	安全立网	边绳	≥3000
	网绳	≥3000		网绳	≥2000
	筋绳	≤3000		筋绳	≤3000

绳断裂强力测试：从样品网上随机取下足够长度的网绳、边绳、筋绳，按《纤维绳索有关物理和机械性能的测定》（GB/T 8834—2016）的要求各制成三根试样进行绳断裂强力测试。网绳、边绳结果取最小值，筋绳结果取最大值，数值均保留整数位。

11. 耐冲击性能

平（立）网的耐冲击性能应符合表 3-1-2 的规定。

表 3-1-2　　　　　　　　　　平（立）网的耐冲击性能要求

安全网类别	平　　网	立　　网
冲击高度	7m	2m
测试结果	网绳、边绳、系绳不断裂，测试重物不应接触地面	网绳、边绳、系绳不断裂，测试重物不应接触地面

12. 耐候性

耐候性是指塑料制品因受到阳光照射、温度变化、风吹雨淋等外界条件的影响，而出现的褪色、变色、龟裂、粉化和强度下降等一系列老化的现象。其中紫外线照射是促使塑料老化的关键因素。平（立）网的绳断裂强力应符合"平（立）网绳断裂强力"要求的规定。

13. 阻燃性能

阻燃型平（立）网按"阻燃性能测试"规定的方法进行测试，续燃、阴燃时间均不应大于 4s。

14. 阻燃性能测试

从样品网上随机取下长度为（300±5)mm 的网绳、边绳、系绳各 5 根，按《纺织品燃烧性能 垂直方向 损毁长度、阴燃和续燃时间的测定》（GB/T 5455—2014）规定的方法进行测试。结果保留小数点后一位。

（二）密目式安全立网

1. 一般要求

（1）缝线不应有跳针、漏缝，缝边应均匀。

（2）每张密目网允许有一个缝接，缝接部位应端正牢固。

（3）网体上不应有断纱、破洞、变形，及有碍使用的编织缺陷。

（4）密目网各边缘部位的开眼环扣应牢固可靠。

（5）密目网的宽度应介于 1.2～2m。长度由合同双方协议条款指定，但最低不应小于 2m。

（6）按"密目网宽度"规定的方法进行测试，网目、网宽度的允许偏差为±5%。

密目网宽度：指在室内环境中，在测试样品中心部位选择连续 3 组相对的开眼环扣，每个环扣施加 30N 预加张力，测量边绳最远点组成的连线之间的距离。如果没有边绳则以扣眼中心为准。测量结果准确到 1mm。如果在施加预加张力过程中，网发生损坏，则视为测试未通过。

（7）开眼环扣孔径不应小于 8mm。

（8）按"网目密度"规定的方法进行测试，网眼孔径不应大于 12mm。

网目密度：在室内环境中，使用截面直径为 12mm 的圆柱试穿任意一个孔洞，应不得穿过。

2. 基本性能

（1）断裂强力×断裂伸长：按"断裂强力（kN）×断裂伸长（mm）"规定的方法进行测试，长、宽方向的断裂强力（kN）×断裂伸长（mm）：A 级不应小于 65kN·mm；B 级不应小于 50kN·mm。

断裂强力（kN）×断裂伸长（mm）的测试方法

1）试样：分别沿长、宽方向从网体上随机截取宽（50±1）mm、长（300±5）mm 的试样各 3 条。

2）测试步骤：将试样夹持在精度 1 级的拉力试验机钳口上，钳口宽度 30mm，钳口距离 200mm，拉伸速度（200±10）mm/min，读取测力计的最大值及对应伸长值。

3）测试结果：分别计算每条试样的断裂强力（kN）×断裂伸长（mm）值，按长、宽方向分别计算平均值作为测试数据。断裂强力数值保留 3 位有效数字，断裂伸长数值保留至整数位。

（2）接缝部位抗拉强力：按规定的方法进行测试，接缝部位抗拉强力不应小于断裂强力。

接缝部位抗拉强力的测试方法

1）试样：从网体接缝处随机截取宽（50±1）mm、长（300±5）mm 的试样各 3 条，保证接缝位于试样中央。

2）测试步骤：将试样夹持在精度 1 级的拉力试验机钳口上，钳口宽度 30mm，钳口距离 200mm，拉伸速度（200±10）mm/min，直至试样完全撕裂，观察试样撕裂位置。

3）测试结果：如试样撕裂发生在接缝两边 10mm 范围内，则判定测试未通过。

（3）梯形法撕裂强力：按规定的方法进行测试，长、宽方向的梯形法撕裂强力不应小于对应方向断裂强力的5%。

梯形法撕裂强力的测试方法

1）试样：分别沿长、宽方向从网体上随机截取宽75mm、长150mm的试样各3片。在试样长边中部剪10mm开口。

2）测试步骤：将试样按图3-1-1夹持在精度1级的拉力试验机钳口上，钳口宽度80mm，钳口距离10mm，拉伸速度（200±10）mm/min，直至完全撕裂，读取测力计的最大值。单位为mm。

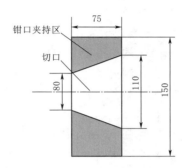

图3-1-1 梯形法撕裂强力试样夹持示意图（单位：mm）

3）测试结果：按长、宽方向分别计算平均值作为测试数据。测试结果单位为N，保留至整数位。

（4）开眼环扣强力：按规定的方法进行测试，长、宽方向的开眼环扣强力（N）不应小于2.45×对应方向环扣间距。

开眼环扣强力的测试方法

1）试样：按长、宽方向从网边截取3个试样，规格为沿网边方向网体长（450±5）mm、保留边绳甩头200mm以上、中央有一个开眼环扣，网体方向长300mm以上。

2）测试步骤：将网边通过开眼环扣及两侧边绳固定在精度1级的材料试验机一端钳口上，网体夹持在材料试验机另一端钳口上，夹持点距离300mm，夹持宽度300mm，以（200±20）mm/min速度拉伸，读取测力计读数。

3）测试结果：按长、宽方向分别计算平均值作为测试数据。测试结果单位为N，保留至整数位。

（5）系绳断裂强力：按规定的方法进行测试，系绳断裂强力不应小于2000N。

系绳断裂强力的测试方法

1）试样按《纤维绳索 有关物理和机械性能的测定》（GB/T 8834—2016）规定的方法制备，数量为3根。

2）测试步骤：按《纤维绳索 有关物理和机械性能的测定》（GB/T 8834—2016）规定的方法进行测试。

3）测试结果：计算平均值作为测试数据。测试结果单位为N，保留至整数位。

（6）耐贯穿性能：按规定的方法进行测试，不应被贯穿或出现明显损伤。

耐贯穿性能的测试方法

1）试样：按长、宽方向沿网边截取1m×1m试样各一块，试样应有一边为完整网边。

2）测试步骤：将试样在自然状态下，夹持在1m×1m的框架内，斜放30°，网边安装在上方。距网中心高度1m释放测试棒。测试棒直径50mm、质量（5±0.2）kg、端面为测试棒的最小截面且边角锋利，圆角小于R1。

3）测试结果：目测，如果测试棒穿过网体或出现测试棒可以穿过的撕裂空洞，则视为测试未通过。

（7）耐冲击性能：按规定的方法进行测试，边绳不应破断且网体撕裂形成的孔洞不应大于 200mm×50mm。

耐冲击性能的测试方法

1）测试样品：测试样品为可以销售、使用或在用的完整密目网。

2）测试步骤：按《安全网》（GB 5725—2009）附录 A 中规定的方法进行测试，试验高度如下 A 级：1.8m；B 级：1.2m。

3）测试结果：以截面 200mm×50mm 的立方体不能穿过撕裂空洞视为测试通过。测试结果以测试重物吊起之前为准，立方体穿过撕裂空洞时不应施加明显的外力。

（8）耐腐蚀性能：按规定的方法进行测试，金属零件应无红锈及明显腐蚀。

耐腐蚀性能的测试方法

1）试样：沿网边截取带连续 3 个开眼环扣的网片，宽度 30mm。

2）测试步骤：所有金属零件按《人造气氛腐蚀试验　盐雾试验》（GB/T 10125—2021）中规定的中性盐雾（NSS）测试方法进行，测试周期为 2d。

3）测试结果：金属零件应无红锈及明显腐蚀。

（9）阻燃性能：按"阻燃性能"规定的方法进行测试，纵、横方向的续燃及阴燃时间不应大于 4s。

阻燃性能的测试方法：按《纺织品　燃烧性能　垂直方向　损毁长度、阴燃和续燃时间的测定》（GB/T 5455—2014）中规定的测试方法进行。

（10）耐老化性能：按规定的方法进行测试，断裂强力×断裂伸长、梯形法撕裂强力和耐贯穿性能应分别符合其规定标准。

实际使用时间超过 1 年的密目网可以不做此项。

耐老化性能的测试方法

1）试样：分别沿长、宽方向从网体上随机截取宽（50±1）mm、长（300±5）mm 的试样各 3 条；分别沿长、宽方向从网体上随机截取宽 75mm、长 150mm 的试样各 3 片，并在试样长边中部剪 10mm 开口；按长、宽方向沿网边截取 1m×1m 试样各 1 块，试样应有一边为完整网边。

2）老化处理：有机材料采用紫外线照射（A 法）和灯照射（B 法）两种方法。仲裁以 A 法为准。含金属丝（纤维）网体应额外采用盐雾法（C 法）预处理。

紫外线照射（A 法）：应保证试样中心面向灯泡距离为（400±20）mm；正常工作时箱内温度不超过 60℃，灯泡为标称 450W 的紫外高压氙气灯，推荐的型号为 XBO-450W/4 或 CSX-450W/4，连续照射 260h，放置 1h 后测试。

氙灯照射（B 法）：灯波长在 280～800nm 范围内的辐射能可测量；黑板温度（70±3）℃；相对湿度（50±5）%；喷水或喷雾周期每隔 102min 喷水 18min。试样中心累计接收波长 280～800nm 范围内的辐射能量为 0.8GJ/m²，放置 1h 后测试。

盐法（C 法）：按 GB/T10125 中规定的中性盐雾（NSS）测试方法进行，测试周期为 7d。

3）测试结果。经老化处理后的试样分别按断裂强力（kN）×断裂伸长（mm）的测试方法测试断裂强力×断裂伸长，按梯形法撕裂强力的测试方法测试梯形法撕裂强力，按耐贯穿性能的测试方法测试耐贯穿性能，结果均应符合相应规定的标准。

三、标识

(一) 平（立）网的标识

由永久标识和产品说明书组成。

1. 平（立）网的永久标识

（1）本标准号。

（2）产品合格证。

（3）产品名称及分类标记。

（4）制造商名称、地址。

（5）生产日期。

（6）其他国家有关法律法规所规定必须具备的标记或标志。

2. 制造商应在产品的最小包装内提供产品说明书，应包括但不限于以下内容

（1）平（立）网安装、使用及拆除的注意事项。

（2）储存、维护及检查。

（3）使用期限。

（4）在何种情况下应停止使用。

(二) 密目网的标识

由永久标识和产品说明组成。

1. 密目式安全立网的永久标识

（1）本标准号。

（2）产品合格证。

（3）产品名称及分类标记。

（4）制造商名称、地址。

（5）生产日期。

（6）其他国家有关法律法规所规定必须具备的标记或标志。

2. 批量供货的密目网应在最小包装内提供产品说明，应包括但不限于以下内容

（1）密目网的适用和不适用场所。

（2）使用期限。

（3）整体报废条件或要求。

（4）清洁、维护、储存的方法。

（5）拴挂方法。

（6）日常检查的方法和部位。

（7）使用注意事项。

（8）警示"不得作为平网使用"。

（9）警示"B级产品必须配合立网或护栏使用才能起到坠落防护作用"。

（10）为合格品的声明。

四、包装、运输、储存与使用的一般要求

（1）每张安全网宜用塑料薄膜、纸袋等独立包装，内附产品说明书、出厂检验合格证及其他按有关规定必须提供的文件。

（2）安全网的外包装可采用纸箱、丙纶薄膜袋等。

（3）安全网应由专人保管发放，如暂不使用，应存放在通风、避光、隔热、无化学品污染的仓库或专用场所。

（4）如安全网的贮存期超过两年，应按 0.2% 抽样，不足 1000 张时抽样 2 张进行耐冲击性能测试，测试合格后方可销售使用。

（5）安全网使用基本要求。

1）使用前应检查安全网是否有腐蚀及损坏情况。施工中要保证安全网完整有效、支撑合理、受力均匀，网内不得有杂物。搭接要严密牢靠，不得有缝隙，搭设的安全网，不得在施工期间拆移、损坏，必须到无高处作业时方可拆除。因施工需要暂拆除已架设的安全网时，施工单位必须通知、征求搭设单位同意后方可拆除。施工结束必须立即按规定要求由施工单位恢复，并经搭设单位检查合格后，方可使用。

2）要经常清理网内的杂物，在网的上方实施焊接作业时，应采取防止焊接火花落在网上的有效措施；网的四周不要有长时间的有严重的酸碱烟雾。

3）安全网在使用时必须经常地检查，并有跟踪使用记录，不符合要求的安全网应及时处理。安全网在不使用时，必须妥善的存放、保管，防止受潮发霉。新网在使用前必须查看生产厂家的生产许可证、产品的出厂合格证、产品的铭牌：要看是平网还是立网，立网绝不允许当平网使用；架设立网时，底边的系绳必须系结牢固。若是旧网在使用前应做试验，并有试验报告书，试验合格的旧网才可以使用。

五、安全网的使用管理的相关标准规范要求

（一）《水利水电工程施工安全防护设施技术规范》（SL 714—2015）

（1）在悬崖、陡坡、杆塔、坝块、脚手架以及其他高处危险边沿进行悬空高处作业时，临边必须设置防护栏杆，并应根据施工具体情况，提供安全带、安全绳等个体防护用品，挂设水平安全网或设置相应的吊篮、吊笼、平台等设施。

（2）脚手架作业面高度超过 3.0m 时，临边必须挂设水平安全网，还应在脚手架外侧挂密目式安全立网封闭。脚手架的水平安全网必须随建筑物升高而升高，安全网距离工作面的最大高度不得超过 3.0m。

（3）电梯井、闸门井、门槽、电缆竖井等的井口应设有临时防护盖板或设置围栏，在门槽、闸门井、电梯井等井道口（内）安装作业，应根据作业面情况，在其下方井道内设置可靠的水平安全网作隔离防护层。

（二）《水电水利工程施工安全防护设施技术规范》（DL 5162—2013）

（1）高处作业面的临空边沿，必须设置安全防护栏杆。在悬崖、陡坡、杆塔、坝块、脚手架以及其他高处危险边沿进行悬空高处作业时，临边必须设置防护栏杆，并根据施工具体情况，挂设水平安全网或设置相应的吊篮、吊笼、平台等设施。

（2）脚手架作业面高度超过 3.0m 时，临边必须挂设水平安全网，还应在脚手架外侧挂密目式安全立网封闭。脚手架的水平安全网必须随建筑物升高而升高，安全网距离工作面的最大高度不得超过 3.0m。

（3）电梯井、闸门井、门槽、电缆竖井等的井口应设有临时防护盖板或设置围栏，在门槽、闸门井、电梯井等井道口（内）安装作业，应根据作业面情况，在其下方井道内设置可靠的水平安全网作隔离防护层。

（三）《水利水电工程施工通用安全技术规程》（SL 398—2007）

（1）高处临边、临空作业应设置安全网，安全网距工作面的最大高度不应超过 3.0m，水平投影宽度应不小于 2.0m。安全网应挂设牢固，随工作面升高而升高。

（2）在坝顶、陡坡、屋顶、悬崖、杆塔、吊桥、脚手架以及其他危险边沿进行悬空高处作业时，临空面应搭设安全网或防护栏杆。

（3）安全网应随建筑物升高而提高，安全网距离工作面的最大高度不应超过 3.0m。安全网搭设外侧应比内侧高 0.5m，长面拉直拴牢在固定的架子或固定环上。

（4）脚手架的外侧、斜道和平台，应搭设防护栏杆、挡脚板或防护立网。

（四）《水电水利工程施工通用安全技术规程》（DL/T 5370—2017）

（1）高处临边、临空作业应设置安全网，安全网距工作面的最大高度不应超过 3.0m，水平投影宽度应不小于 2.0m。安全网应挂设牢固，随工作面升高而升高。

（2）在坝顶、陡坡、屋顶、悬崖、杆塔、吊桥、脚手架以及其他危险边沿进行悬空高处作业时，临空面应搭设安全网或防护栏杆。

（3）安全网应随着建筑物升高而提高，安全网距离工作面的最大高度不超过 3.0m。安全网搭设外侧比内侧高 0.5m，长面拉直拴牢在固定的架子或固定环上。

（4）高处作业时，不得坐在平台、孔洞、井口边缘，不得骑坐在脚手架栏杆、躺在脚手板上或安全网内休息，不得站在栏杆外的探头板上工作和凭借栏杆起吊物件。

（5）脚手架的外侧、斜道和平台，要搭设防护栏杆和挡脚板或防护立网。

第二节 安 全 带

安全带是防止高处作业人员发生坠落或发生坠落后将作业人员安全悬挂的个体防护装备。按照使用条件的不同，安全带分为围杆作业安全带、区域限制安全带、坠落悬挂安全带。

（1）围杆作业安全带。带将人体绑定在固定构造物附近，使作业人员的双手可以进行操作的安全带。适合于需要工作定位的各高处作业工种等。

（2）区域限制安全带。用以限制作业人员的活动范围，避免其达到可能发生坠落区域的安全带。此种类型的安全带是在没有坠落风险的前提下使用。可以是定位腰带，也可以是其他类型的安全带。

（3）坠落悬挂安全带。高处作业或登高人员发生坠落时，将作业人员安全悬挂的安全带。此类型的安全带必须是带腿带的全身式安全带。

安全带的标记由作业类别、产品性能两部分组成。

作业类别：字母 W 标记的是围杆作业安全带；字母 Q 标记的是区域限制安全带；字母 Z 标记的是坠落悬挂安全带。

产品性能：字母 Y 代表一般性能；字母 J 代表抗静电性能；字母 R 代表阻燃性能；字母 F 代表抗腐蚀性能；字母 T 代表适合特殊环境。

安全带按品种系列化，采用汉语拼音字母依前、后顺序分别表示不同工种、不同使用方法、不同结构的标记形式。符号含意如下：D——电工；DX——电信工；J——架子工；L——铁路调车工；T——通用（油工、造船、机修工等）；W——围杆作业；W1——围杆带式；W2——围杆绳式；X——悬挂作业；P——攀登作业；Y——单腰带式；F——防下脱式；B——双背带式；S——自销式；H——活动式；G——固定式。

符号组合表示举例如下：DW1Y——电工围杆带单腰带式；TPG——通用攀登固定式。

一、基本技术要求

（一）一般规定

（1）安全带与身体接触的一面不应有突出物，结构应平滑；不应使用回料或再生料，使用皮革不应有接缝。

（2）金属零件应浸塑或电镀以防锈蚀；金属环类零件不应使用焊接件，不应留有开口。

（3）调节扣不应划伤带子，可以使用滚花的零部件。

（4）所有零部件应顺滑，无材料或制造缺陷，无尖角或锋利边缘。8 字环、品字环不应有尖角、倒角，几何面之间应采用 $R4$ 以上圆角过渡。

（5）连接器的活门应有保险功能，应在两个明确的动作下才能打开。

（6）在爆炸危险场所使用的安全带，应对其金属件进行防爆处理。

（二）织带与绳

（1）主带应是整根，不能有接头。主带宽度不应小于 40mm，辅带宽度不应小于 20mm。主带扎紧扣应可靠，不能意外开启。

护腰带整体硬挺度不应小于腰带的硬挺度，宽度不应小于 80mm，长度不应小于 600mm，接触腰的一面应有柔软、吸汗、透气的材料。

腰带应和护腰带同时使用。

（2）安全绳（包括未展开的缓冲器）有效长度不应大于 2m，有两根安全绳（包括未展开的缓冲器）的安全带，其单根有效长度不应大于 1.2m。

安全绳编花部分可加护套，使用的材料不应与同绳的材料产生化学反应，应尽可能透明。

禁止将安全绳用作悬吊绳。悬吊绳与安全绳禁止共用连接器。

（3）织带和绳的端头在缝纫或编花前应经燎烫处理，不应留有散丝。

织带折头连接应使用线缝，不应使用铆钉、胶粘、热合等工艺；缝纫线应采用与织带无化学反应的材料，颜色与织带应有区别；织带折头缝纫后及绳头编花后不应进行燎烫处理。

绳、织带和钢丝绳形成的环眼内应有塑料或金属支架。

（4）钢丝绳的端头在形成环眼前应使用铜焊或加金属帽（套）将散头收拢。

（5）所有绳在构造上和使用过程中不应打结。

（6）每个可拍（飘）动的带头应有相应的带箍。

（7）用于焊接、炉前、高粉尘浓度、强烈摩擦、割伤危害、静电危害、化学品伤害等场所的安全绳应加相应护套。

（三）零部件性能

（1）零部件不应出现织带撕裂、环类零件开口、绳断股、连接器打开、带扣松脱、缝线迸裂、运动机构卡死等足以使零件失效的情况。

（2）安全带的缓冲器、连接器、自锁器、速差自控器及有运动机构、预设作用部件不应出现：缓冲器意外打开作用力大于 2kN；连接器自动机构无卡死、失效等情况；自锁器、速差自控器应保持灵敏度，无部件损坏、零件失效等情况。

（3）产品标识声明的特殊性能仅适用于相应的特殊场所。

（4）安全带的续燃时间不大于 5s。

（四）安全带的标识

安全带的标识由永久标识和产品说明组成。

1. 永久标识

永久标识应缝制在主带上，内容应包括：

（1）产品名称。

（2）本标准号。

（3）产品类别（围杆作业、区域限制或坠落悬挂）。

（4）制造厂名。

（5）生产日期（年、月）。

（6）伸展长度。

（7）产品的特殊技术性能（如果有）。

（8）可更换的零部件标识应符合相应标准的规定。

2. 可以更换的系带应有下列永久标记

（1）产品名称及型号。

（2）相应标准号。

（3）产品类别（围杆作业、区域限制或坠落悬挂）。

（4）制造厂名。

（5）生产日期（年、月）。

3. 产品说明

每条安全带应配有一份说明书，随安全带到达佩戴者手中。其内容包括：

（1）安全带的适用和不适用对象。

（2）生产厂商的名称、地址、电话。

（3）整体报废或更换零部件的条件或要求。

（4）清洁、维护、储存的方法。

（5）穿戴方法。

（6）日常检查的方法和部位。

（7）安全带同挂点装置的连接方法（包括图示）。

（8）扎紧扣的使用方法或带在扎紧扣上的缠绕方式（包括图示）。

（9）系带扎紧程度。

（10）首次破坏负荷测试时间及以后的检查频次。

（11）声明"旧产品，当主带或安全绳的破坏负荷低于 15kN 时，该批安全带应报废或更换部件"。

（12）根据安全带的伸展长度、工作现场的安全空间、挂点位置判定该安全带是否可用的方法。

（13）本产品为合格品的声明。

（五）安全带基本技术性能

安全带适用于围杆、悬挂、攀登等高处作业用，不适用于消防和吊物。

1. 安全带应保证

（1）组件完整、无短缺、无伤残破损。

（2）绳索、编带无脆裂、断股或扭结。

（3）金属配件无裂纹、焊接无缺陷、无严重锈蚀。

（4）挂钩的钩舌咬口平整不错位，保险装置完整可靠。

（5）铆钉无明显偏位，表面平整。

2. 安全带出现以下情况时，应报废处理

（1）安全带组件缺失，无法满足整体性能要求。

（2）织带脆裂、扭结，或磨损达到警戒线。

（3）金属配件有裂纹，或严重锈蚀。

（4）金属挂钩咬合口错位或自锁装置失效。

（5）D圈有明显裂纹、损伤或功能失效。

（6）织带缝合线跳线、脱落。

（7）缓冲器有明显破损。

3. 安全带的维护和保管

（1）安全带应进行编号、登记，并建立台账，做到账物相符。

（2）安全带应每月进行一次外观检查。有破损、腐蚀的禁止使用，并及时处理。

（3）安全带应每隔 6 个月进行静荷重试验；试验荷重为 225kgf，试验时间为 5min，试验后检查是否有变形、破裂等情况，并做好试验记录。不合格的安全带应及时处理。

（4）对批量购进和使用超过两年的安全带可按每批量情况抽验一次。抽查内容为：外观检查，静拉力试验。如悬挂式安全带冲击试验时，以 80kg 重量做自由坠落试验，若不破断，可使用。

（5）围杆带做静负荷试验，以 2206N（225kgf）拉力拉 5min，无破断可继续使用。

（6）凡被抽查做试验的安全带，不论试验是否合格，均禁止使用；凡有一根安全带不合格，则同批产品均禁止使用。

（7）个人领用的安全带由个人负责保管，班组领用的公用安全带由班组负责保管，并由班组安全员每月检查一次。

（8）安全带应储藏在干燥、通风的仓库内，妥善保管，不可接触高温、明火、强酸、强碱和尖锐的坚硬物体，更不准长期暴晒雨淋。可在金属配件上涂些机油，以防生锈。

二、安全带的使用

安全带部件组成见表3-2-1。

表3-2-1　　　　　　　　　　安全带部件组成表

分类	部件组成	挂点装置
围杆作业安全带	系带、连接器、调节器（调节扣）、围杆带（围杆绳）	杆（柱）
区域限制安全带	系带、连接器（可选）、安全绳、调节器、连接器	挂点
	系带、连接器（可选）、安全绳、调节器、连接器、滑车	导轨
坠落悬挂安全带	系带、连接器（可选）、缓冲器（可选）、安全绳、连接器	挂点
	系带、连接器（可选）、缓冲器（可选）、安全绳、连接器、自锁器	导轨
	系带、连接器（可选）、缓冲器（可选）、速差自控器、连接器	挂点

（1）一般情况下安全带的选购。

1）安全为首选。安全带选购首先要考虑的是安全性，其次才是舒适性。使用者必须了解其工作场所内存在的坠落风险，根据使用中的坠落风险来选择合适的安全带。任何有坠落风险的场合必须选择坠落悬挂安全带，即带有腿带的全身式安全带。单独的腰带只能用于工作限位，不能用于那些有坠落风险的场合，否则，一旦发生坠落，人体会失去平衡，易发生碰撞伤害。同时坠落产生的冲击力全部集中在腰部，极有可能造成脊柱断裂、内脏破裂等严重伤害。

2）专带要专用。围杆作业安全带和区域限制安全带不应用于悬吊作业、救援、非自主升降。

3）注意绳长度。配有安全绳的安全带，其安全绳长度不能超过2m，否则一旦坠落，会带来导致使用者自由坠落距离过长、冲击力超过人体承受极限的风险。配有2根安全绳的安全带，其单根有效长度不应大于1.2m。安全带织带折头连接应使用线缝，不应使用铆钉、胶粘或热合等工艺。

（2）特殊情况下安全带的选购。

1）电焊工高处作业。必须选择由阻燃材料制成的安全带。常规的安全带与焊渣、火花接触将导致破损，发生坠落时不能起到保护作用。

2）平台、屋顶、罐顶作业。只要不达到边缘就不可能发生坠落，通过限位系绳（带）限制作业人员的活动区域，此种情况可使用限位腰带，也可使用其他类型安全带。

3）使用梯子作业。在高处作业中使用的各种墙体外立爬梯、烟囱外立爬梯、活动区域内各种爬梯，在攀爬时作业者需要面向爬梯，且安全带和爬梯上的防坠落装置相连，由于单挂点安全带胸前没有型环，因此，此种作业至少需要配备双挂点安全带。

4）各种电线杆（塔）作业。使用者需要在作业高度停留并做到身体得到定位平衡，以解放双手来实现作业，此时必须使用带定位腰带的安全带，靠工作定位系绳（带）配合定位腰带两侧的形环来实现工作定位和身体平衡。

5）进入罐体、地井等密闭空间作业。使用者在进出密闭空间时处于悬挂状态，此时必须选择坠落悬挂安全带，至少是单挂点安全带。

6）易受伤害场所作业。用于焊接、炉前、高粉尘浓度、强烈摩擦、割伤危害、静电危害、化学品伤害等场所的安全绳应加相应的护套。

（3）凡在离地面 2m 及以上的地点进行的工作，都应视作高处作业。应按照安全带的不同使用功能，针对性地选择使用安全带。

在没有脚手架或者在没有栏杆的脚手架上工作，高度超过 1.5m 时，或在没有防护设施的高处及临边进行其他应使用安全带的工作时，必须使用安全带，或采取其他可靠的安全措施。

根据工作的需要选择符合特定使用范围的安全带，在不同岗位应注意正确选用。

（4）安全带勿拖曳于地。使用围杆安全带时，围杆绳上有保护套，不允许在地面随意拖着绳行走，以免损伤绳套，影响主绳；勿低挂高用。坠落悬挂安全带不允许低挂高用，这是因为低挂高用在发生坠落时人受到的冲击力过大，会对人体造成较大伤害；勿擅作他用。坠落悬挂安全带的坠落防护用连接器、安全绳不应用于悬吊作业、救援、非自主升降；勿胡乱共用。悬吊作业、救援、非自主升降系统不应和连接器或安全绳共用全身系带的形环（半圆环）。

（5）安全带应高挂低用，使用大于 3m 长绳时应加缓冲器（除自锁钩用吊绳外），并要防止摆动碰撞。若安全带低挂高用，一旦发生坠落，将增加冲击力，带来危险。

（6）安全绳不准打结使用。更不准将钩直接挂在安全绳上使用，钩子必须挂在连接环上用。

安全带的挂钩或绳子应挂在结实牢固的构件上，或专为挂安全带用的钢丝绳上，各卡接扣紧，以防脱落。禁止挂在移动或不牢固的物件上。

（7）严禁只在腰间佩戴安全带，而不在固定的设施上拴挂钩环。

（8）安全带上的各种部件不得任意拆掉，当需要换新绳时要注意加绳套。

（9）在温度较低的环境中使用安全带时，要注意防止安全绳的硬化割裂。

（10）要经常检查安全带缝制部分和挂钩部分，必须详细检查捻线是否发生裂断和残损等。

第三节 安 全 帽

对人体头部受外力伤害起防护作用的帽子为安全帽，它由帽壳、帽衬、下颚带、后箍等组成。安全帽分为六类：通用型、乘车型、特殊安全帽、军用钢盔、军用保护帽和运动员用保护帽。其中通用型和特殊型安全帽属于劳动保护用品。

安全帽由帽壳、帽衬接头、帽舌、吸汗带、下颚带调节器、下颚带、托带衬垫、后箍、托带、后箍调节器、帽沿、透气孔、帽箍组成，如图 3-3-1 所示。帽壳呈半球形，坚固、光滑并有一定弹性，打击物的冲击和穿刺动能主要由帽壳承受。帽壳和帽衬之间留有一定空间，可缓冲、分散瞬时冲击力，从而避免或减轻对头部的直接伤害。冲击吸性性能、耐穿刺性能、侧向刚性、电绝缘性、阻燃性是对安全帽的基本技术性能的要求。

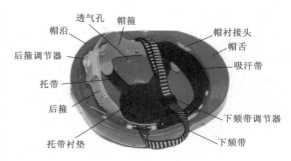

图 3-3-1　安全帽结构图

当作业人员头部受到坠落物的冲击时，利用安全帽帽壳、帽衬在瞬间先将冲击力分解到头盖骨的整个面积上，然后利用安全帽各部位缓冲结构的弹性变形、塑性变形和允许的结构破坏将大部分冲击力吸收，使最后作用到人员头部的冲击力降低到 4900N 以下，从而起到保护作业人员头部的作用。

一、安全帽的基本特性

（一）安全帽的一般要求

（1）帽箍可根据安全帽标识中明示的适用头围尺寸进行调整。

（2）帽箍对应前额的区域应有吸汗性织物或增加吸汗带，吸汗带宽度大于或等于帽箍的宽度。

（3）系带应采用软质纺织物，宽度不小于 10mm 的带或直径不小于 5mm 的绳。

（4）不得使用有毒、有害或引起皮肤过敏等人体伤害的材料。

（5）材料耐老化性能应不低于产品标识明示的日期，正常使用的安全帽在使用期内不能因材料原因导致其性能低于本标准要求。所有使用的材料应具有相应的预期寿命。

（6）当安全帽配有附件时，应保证安全帽正常佩戴时的稳定性。安全帽应不影响安全帽的正常防护功能。

（7）质量：普通安全帽不超过 430g；防寒安全帽不超过 600g。

（8）帽壳（安全帽外表面的组成部分，由帽舌、帽沿和顶筋组成）内部尺寸：长为 195~250mm；宽为 170~220mm；高为 120~150mm。

（9）帽舌（帽壳前部伸出的部分）：10~70mm。

（10）帽沿（在帽壳上，除帽舌以外帽壳周围其他伸出的部分）：不大于 70mm。

（11）佩戴高度（安全帽在佩戴时，帽箍底部至头顶最高点的轴向距离）：佩戴高度应为 80~90mm。

（12）垂直间距（安全帽在佩戴时，头顶最高点与帽壳内表面之间的轴向距离。不包括顶筋的空间）：垂直间距应不大于 50mm。

（13）水平间距（安全帽在佩戴时，帽箍与帽壳内侧之间在水平面上的径向距离）：5~20mm。

（14）突出物：帽壳内侧与帽衬之间存在的突出物高度不得超过 6mm，突出物应有软垫覆盖。

（15）通气孔：当帽壳留有通气孔时，通气孔总面积为 150~450mm²。

（二）安全帽的进货检验

进货单位按批量对冲击吸收性能、耐穿刺性能、垂直间距、佩戴高度、标识及标识中声明的符合《头部防护　安全帽》（GB 2811—2019）规定的"特殊技术性能"或相关方约定的项目进行检测，无检验能力的单位应到有资质的第三方实验室进行检验。

检测的内容主要包括：防静电性能、电绝缘性能、侧向刚性、阻燃性能、耐低温性能等。

（三）安全帽的标识

每顶安全帽的标识由永久标识和产品说明组成。

1．永久标识

刻印、缝制、铆固标牌、模压或注塑在帽壳上的永久性标志。必须包括：

（1）本标准编号。

（2）制造厂名。

（3）生产日期（年、月）。

（4）产品名称（由生产厂命名）。

（5）产品的特殊技术性能（如果有）。

2．产品说明

每个安全帽均要附加一个含有下列内容的说明材料，可以使用印刷品、图册或耐磨不干胶贴等形式，提供给最终使用者。必须包括：

（1）声明"为充分发挥保护力，安全帽佩戴时必须按头围的大小调整帽箍并系紧下颏带"。

（2）声明"安全帽在经受严重冲击后，即使没有明显损坏，也必须更换"。

（3）声明"除非按制造商的建议进行，否则对安全帽配件进行的任何改造和更换都会给使用者带来危险"。

（4）是否可以改装的声明。

（5）是否可以在外表面涂敷油漆、溶剂、不干胶贴的声明。

（6）制造商的名称、地址和联系资料。

（7）为合格品的声明及资料。

（8）适用和不适用场所。

（9）适用头围的大小。

（10）安全帽的报废判别条件和保质期限。

（11）调整、装配、使用、清洁、消毒、维护、保养和储存方面的说明和建议。

（12）使用的附件和备件（如果有）的详细说明。

二、安全帽的选择要求

（一）安全帽的选择原则

1．应选择合格产品

安全帽必须按国家标准《头部防护　安全帽》（GB 2811—2019）进行生产，出厂的产品应通过质检部门检验符合标准要求后才能发给产品合格证。在购买安全帽时，应看是

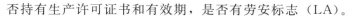

否持有生产许可证书和有效期，是否有劳安标志（LA）。

2. 选择适宜的品种

（1）根据安全帽的性能选择：每种安全帽都具有一定的技术性能指标和它的适用范围。例如，在低温作业环境选择安全帽，应选择耐低温的塑料安全帽（经低温－20℃±2℃的环境试验，冲击吸收性能和耐穿刺性能仍符合标准要求）和防寒安全帽；在高温作业环境应选择耐高温的塑料安全帽或玻璃钢安全帽（经高温50℃±2℃的处理，冲击吸收性能和耐穿刺性能仍符合标准要求）；在电力行业接触电网、电器设备应选择具有电绝缘性能的安全帽；在易燃易爆的环境中作业应选择有抗静电性能（电阻不大于$1×109\Omega$）的安全帽。

（2）根据规格、尺寸进行选择。

（3）款式的选择，大沿帽和大舌帽适用于露天作业，这种安全帽有防日晒和雨淋的作用。小沿帽适用于室内、隧道、涵洞、井巷、森林、脚手架上等活动范围小、易发生帽沿碰撞的狭窄场所。

（4）关于安全帽的颜色，应遵循安全心理学的原则。国际较通用的黄色加黑条，是引起警戒的标志；红色是表示限制、禁止的标志；蓝色起显示作用等。因此，对于普通工种使用的安全帽，以采用白色、淡黄色、淡绿色为宜。

（5）安全帽应在产品规定的年限内选用。

（6）安全帽各部件完好、无异常。

（7）制造商应取得国家规定的相关资质并在有效期内。

（二）安全帽的功能选择

（1）在可能存在物体坠落、碎屑飞溅、磕碰、撞击、穿刺、挤压、摔倒及跌落等伤害头部的场所时，应佩戴至少具有基本技术性能的安全帽。（基本技术性能包括冲击吸收性能、耐穿刺性能和下颏带的强度要求。）

（2）当作业环境中可能存在短暂接触火焰、短时局部接触高温物体或暴露于高温场所时应选用可阻燃性能的安全帽。

（3）当作业环境中可能发生侧向挤压，包括可能发生塌方、滑坡的场所存在可预见的翻到物体、可能发生速度较低的冲撞场所时，应选用具有侧向刚性的安全帽。

（4）当作业环境对静电高度敏感、可能发生引发爆燃或需要本质安全时，应选用具有防静电性能的安全帽。使用防静电安全帽时所穿戴的衣物应遵循防静电规程的要求。

注意：在上述场所中安全帽可能同佩戴者以外的委派接触或摩擦。

（5）当作业环境可能接触400V以下三相交流电时，应选用具有电绝缘性能的安全帽。

（6）当作业环境中需要保温且环境温度不低于－20℃的低温作业工作场所时，应选用具有防寒功能或与佩戴的其他防寒装配不发生冲突的安全帽。

（7）根据工作的实际情况可能存在以下特殊性能，包括摔倒及跌落的保护、导电性能、防高压电性能、耐超低温、耐极高温性能、抗熔融金属性能等，制造商与采购方作出技术方面的补充协议。

（8）具体安全帽性能、特点及参考适用范围参照表3-3-1。

表 3 - 3 - 1 安全帽性能、特点及参考适用范围

安全帽性能	安全帽特点	参 考 适 用 范 围
基本性能	由塑料、橡胶、玻璃钢等材料制成，抵御坠物对头部所造成的伤害	存在物体坠落、碎屑飞溅、磕碰、撞击、穿刺、挤压、摔倒及跌落等伤害头部的场所
阻燃性能	在普通安全帽的基础上增加阻燃功能，抵御明火燎烧所造成的伤害	存在坠物危险或对头部可能产生碰撞及有明火、高温物体或具有易燃物质的场所，以及可能短暂接触火焰，短时局部接触高温物体或暴露于高温的场所
防静电性能	在普通安全帽的基础上消除电荷在帽体上的聚集	存在坠物风险或对头部可能产生碰撞及不允许有放电发生的场所。多用于精密仪器加工、石油化工、煤矿开采等行业，以及对静电高度敏感、可能发生引爆燃的危险场所，包括油船船舱、含高浓度瓦斯煤矿、天然气田、烃类液体灌装场所、粉尘爆炸危险场所及可燃气体爆炸危险场所；在上述场所中安全帽可能同佩戴者以外的物品接触或摩擦；同时使用防静电安全帽时所穿戴的衣物应遵循防静电规程的要求
电绝缘性能	在普通安全帽的基础上阻止电流通过，防止人员意外触电	存在坠物危险或对头部可能产生碰撞及带电作业场所，如电力水利行业等，以及可能接触 400V 以下三相交流电的工作场所
侧向刚性	在普通安全帽的基础上具有侧向刚性性能，防止头部受到挤压伤害	存在坠物危险或对头部可能产生碰撞及挤压的作业场所，如坑道、矿井等，以及可能发生侧向挤压的场所，包括可能发生塌方、滑坡的场所；存在可预见的翻倒物体；可能发生速度较低的冲撞场所
防寒性能	在普通安全帽的基础上具有耐低温及保温性能，防止人员冻伤	低温作业环境中存在坠物危险或对头部可能产生碰撞的场所，如冷库、林业等，以及头部需要保温且环境温度不低于 −20℃ 的工作场所

注 以上信息仅供参考。

（三）安全帽样式的选择

（1）当作业环境可能发生淋水、飞溅渣屑以及阳光、强光直射眼部等情况时，应选用大沿、大舌安全帽；当作业环境为狭窄场地时，应选用小沿安全帽。

注意：安全帽帽沿、帽舌尺寸的大小是由制造商依据各自产品规格型号进行规定的。

（2）当进行焊接作业且应佩戴安全帽时，可选用符合《个人眼面部防护 第 1 部分：焊接防护具》（GB/T 3609.1—2008）要求的焊接工防护面罩与安全帽进行组合，或者选用焊接工防护面罩和安全帽一体式的防护具，并应符合该标准相关规定。

（3）当按《护听器的选择指南》（GB/T 23466—2009）规定方法测量调查作业人员按额定 8h 工作日规格化的噪声暴露级 $L_{fx}.8h \geqslant 85dB$（A）时，作业人员选用的安全帽应与所佩戴的护听器适配无冲突。佩戴带有护听器的安全帽应符合《护听器的选择指南》（GB/T 23466—2009）的相关规定。

（4）当作业场所还需对眼面部进行防护时，作业人员所选用的安全帽应与所佩戴的个人用眼护具适配无冲突，佩戴与安全帽组合的面罩时应符合《个人用眼护具技术要求》（GB 14866—2006）的相关规定。

（5）当佩戴其他头面部防护装备时，所选用的安全帽应与其适配无冲突。

（四）安全帽颜色的选择

（1）安全帽颜色应符合相关行业的管理要求。如管理人员使用白色，技术人员使用

蓝色。

（2）选择安全帽的颜色应从安全以及生理、心理上对颜色的作用与联想等角度进行充分的考虑。

（3）当作业环境光线不足时，应选用颜色明亮的安全帽。

（4）当作业环境能见度低时，应选用与环境色差较大的安全帽或在安全帽上增加符合要求的反光条。

目前我国各行业都有对于安全帽颜色的规定，具体见表3-3-2。

表3-3-2　　　　　　　　　　各行业对颜色的要求

行业类型	酒红色	红色	白色	蓝色	黄色
建筑行业	领导人员	技术人员	安全监督人员	电工或监理人员	其他施工人员
电力系统	—	外来人员	领导人员	管理人员	施工人员
石油系统	—	操作人员	管理人员	—	安全监督人员

（五）安全帽材质的选择

所选用安全帽的材料不应与作业环境发生冲突。具体帽壳材料特点及适用场合应参见表3-3-3。

表3-3-3　　　　　　　　　　安全帽帽壳材料特点及适用场合

安全帽帽壳材料	特　点	适用场合举例
玻璃钢（FRP）安全帽	质轻而硬，不导电，机械强度高，回收利用少，耐腐蚀。在紫外线、风沙雨雪、化学介质、机械应力等作用下容易导致性能下降	冶金高温、油田钻井、森林采伐、供电线路、高层建筑施工以及寒冷地区施工
聚碳酸酯（PC）塑料安全帽	冲击强度高、尺寸稳定性好、无色透明、着色性好，电绝缘性、耐腐蚀性、耐磨性好，有应力开裂倾向、高温易水解	油田钻井、森林采伐、供电线路、建筑施工、带电作业
丙烯腈-丁二烯-苯乙烯（ABS）塑料安全帽	其抗冲击性、耐热性、耐低温性、耐化学药品性及电气性能优良，不吸水，抗酸、碱、盐的腐蚀能力比较强，溶于酮类溶剂和某些芳烃、氯代烃，耐候性中等，脆性较大	采矿、机械工业冲击强度高的室内常温场所
聚乙烯（PE）塑料安全帽	具有耐腐蚀性、电绝缘性，不易与有机溶剂接触，以防开裂、线性低密度聚乙烯（LLDPE）具有优异的耐环境应力开裂性能和电绝缘性，较高的耐热性能、抗冲和耐穿刺性能等	冶金、石油、化工、建筑、矿山、机械、交通运输、地质、林业等冲击强度较低的室内作业
聚丙烯（PP）塑料安全帽	绝缘性能好，耐磨、耐腐蚀、耐低温、冲击性差，较易老化	药品及有机溶剂作业
超高分子聚乙烯（UHMW-PE）塑料安全帽	耐磨、耐冲击、耐腐蚀、耐低温	冶金、化工、矿山、建筑、机械、电力、交通运输、林业和地质等作业
聚氯乙烯（PVC）塑料安全帽	不易燃、高强度、耐气候变化性以及电绝缘性良好	冶金、石油、化工、建筑、矿山、机械、交通运输、地质、林业等冲击强度较低的室内作业

注　以上信息仅供参考。

三、安全帽的使用及维护

（一）安全帽的使用

（1）任何人员进入生产、施工现场必须正确佩戴安全帽。

（2）安全帽的使用应按照产品使用说明进行。

（3）在使用前应检查安全帽上是否有外观缺陷，各部件是否完好、无异常；不应随意在安全帽上拆卸或添加附件，以免影响其原有的符合性能。

（4）帽衬调整后的内部尺寸、垂直间距、佩戴高度、水平间距应符合《头部防护 安全帽》（GB 2811—2019）的要求。

（5）安全帽在使用时应戴正、戴牢、锁紧帽箍，配有下颏带的安全帽应系紧下颏带，确保在使用中不发生意外脱落。

（6）使用者不应擅自在安全帽上打孔，不应用刀具等锋利、尖锐物体刻划、钻钉安全帽。

（7）使用者不应擅自在帽壳上涂敷油漆、涂料、汽油、溶剂等。

（8）不得随意碰撞挤压或将安全帽用作佩戴意外的其他用途。例如坐压、砸坚硬物体等。

（9）在安全帽内，使用者应确保永久标识齐全、清晰。

（二）安全帽的维护

（1）安全帽的维护应按照制产品说明进行。

（2）安全帽的可更换部件损坏时，应按照产品说明及时更换。

（3）安全帽的存放应远离酸、碱、有机溶剂、高温、低温、日晒、潮湿或其他腐蚀环境，以免其老化或变质。

（4）对热塑材料制的安全帽，不应用热水浸泡及放在暖气片、火炉上烘烤，以防止帽体变形。

（5）安全帽应保持清洁，并按照产品说明定期进行清洗。

第四节　高空作业安全辅助设施

一、安全绳

（一）安全绳的种类

（1）普通安全绳，材料为锦纶等。

（2）带电作业安全绳，材料为蚕丝、防潮蚕丝、迪尼玛、杜邦丝。

（3）高强度安全绳，材料为迪尼玛、杜邦丝、高强丝。

（4）特种安全绳，如消防安全绳材料为内心 4.3mm 钢丝绳，外编制纤维皮；海洋耐腐蚀安全绳材料为迪尼玛、帕斯特、高分子聚乙烯；耐高温绳安全绳的材料是凯芙拉，能够在 −196～204℃ 范围内可长期正常运行。在 150℃ 下的收缩率为 0，在 560℃ 的高温下不分解不熔化；热缩套安全绳，内芯是合成纤维绳索，外皮用热缩套，耐磨、防水。

（二）安全绳的使用方法

（1）平行安全绳。指用于在钢架上水平移动作业的安全绳。要求较小伸长率和较高的滑动率，一般采用钢丝绳注塑，便于安全挂钩在绳子上能轻松移动。钢丝内芯 9.3mm、11mm，注塑后外径 11mm 或 13mm。广泛应用于火力发电工程的钢架安装，及钢结构工程的安装和维修。

（2）垂直安全绳。指用于垂直上下移动的安全绳。配合攀登自锁器使用，编织和绞制的都可以，必须达到国家规定的拉力强度，绳子的直径在 16～18mm 之间。

（3）消防安全绳。指用于高楼逃生的安全绳。有编织和绞制两种，要求结实、轻便，外表美观，绳子直径在 14～16mm，一头带扣，带保险卡锁。拉力强度达到国家标准。长度根据用户需求定制。广泛用于现代高层、小高层建筑住户。

（4）外墙清洗绳。分主绳和副绳。主绳用于悬挂清洗坐板，副绳也就是辅助绳，用于防止意外坠落，主绳直径 18～20mm，要求绳子结实、不松捻、拉力强度高。副绳直径 14～18mm，标准与其他安全绳标准相同。

禁止使用麻绳来做安全绳；一条安全绳不能两人同时使用。

（三）安全绳的一般要求

1. 织带式安全绳

（1）应采用高韧性、高强度纤维丝线材料。

（2）应加锁边线。

（3）织带末端不应散丝。

（4）织带末端应折缝（禁止使用铆钉、胶粘、热合等工艺）。

（5）织带末端应在缝纫前经燎烫处理。

（6）织带末端缝纫部分应加有护套。

（7）织带末端缝纫材料不能与织带发生化学反应。

（8）织带末端缝纫线材料应和织带采用相同材料。

（9）织带末端缝纫线颜色应与织带有明显差别。

（10）织带末端连接有金属部件时，应在内部环眼内部缝合一层加强材料或加护套。

（11）绳体在构造上和使用过程中不应打结。

（12）所有零部件应否顺滑，无材料或制造缺陷，无尖角或锋利边缘。

2. 纤维式安全绳

（1）若绳为多股，股数不应少于 3 股。

（2）绳头应没有留有散丝。

（3）绳头编花前应进行燎烫处理（编花后不能进行燎烫处理）。

（4）绳头编花应加油防护套。

（5）绳体末端连接金属部件时，末端环眼内部应有支架。

（6）绳体在构造上和使用过程中不应打结。

（7）在接近焊接、切割、热源等场所时，应对安全绳进行隔热防护。

（8）所有零部件应顺滑，无材料或制造缺陷，无尖角或锋利边缘。

3. 钢丝绳式安全绳

（1）应由高强度钢丝搓捻而成，且捻制紧密、均匀、不松散。

（2）末端在形成环眼前应使用铜焊或加金属帽（套）将散头收拢。

（3）绳体末端连接金属部件时，末端环眼内部应有支架。

（4）应由整根钢丝绳制作而成，之间不应有接头。

（5）绳体在构造上和使用过程中不应扭结，盘绕直径不应过小。

（6）在腐蚀性环境中应有防腐措施。

（7）所有零部件应顺滑，无材料或制造缺陷，无尖角或锋利边缘。

4. 链式安全绳

（1）链条应符合《起重用短环链　验收总则》（GB/T 20946—2007）的要求。

（2）下端环、连接环和中间环的数量及内部尺寸应保证各环间转动灵活，链环一致。

（3）使用过程中链条应伸直，不应扭曲、打折或弯折。

（4）所有零部件应顺滑，无材料或制造缺陷，无尖角或锋利边缘。

（四）安全绳的标识、说明书

1. 安全绳上的永久标识

安全绳必须有永久标识，且标识清晰可辨，不容易磨损、褪色，且包含以下内容：

（1）产品名称。

（2）本标准号。

（3）制造厂名、厂址。

（4）生产日期（年月）、有效期。

（5）产品作业类别（围杆作业、区域限制或坠落悬挂）。

（6）产品证合格标识。

（7）法律法规要求标注的其他内容。

2. 每条安全绳应该包括一份产品说明书

安全绳产品说明书应包含以下内容：

（1）安全绳的适用对象。

（2）制造厂名及联系方式。

（3）与其他设备相连接的方法。

（4）对可能影响产品性能的环境说明，如温度、化学试剂、锐利边缘、磨损、紫外线照射等的说明。

（5）储藏、清洁或洗涤说明。

（6）设备的检查方法、周期及报废条件。

（7）法律法规要求的其他需要说明的内容。

（五）安全绳的使用

1. 垂直安全绳

垂直安全绳是用于钢架的垂直上下移动的保护绳。一般配合攀登自锁器使用，对绳子的要求不是太高，编织和绞制的都可以，但要达到国家规定的拉力强度，绳子的直径在16～18mm 之间，才能达到攀登自锁器锁止需要的直径，绳子的长度由作业高度决定。

垂直安全绳的设置及使用要求：

（1）安全绳在高空作业时若安全绳有长度调节器，调节调节器使绳子达到所需长度，用连接器直接把安全绳连到安全带上。

（2）调节安全绳，使下落不超过 50cm。

（3）安全绳使用时建议每个使用者固定使用一套安全绳。建议每次使用前采取一些必要的预防措施，如有需要，确保安全救援。

（4）安全绳要一次仅供一人使用，使用者应知道其使用方法。

（5）每次使用前，要检查安全绳。如有疑问，立刻更换安全绳。在使用期间，采取所有必要措施，避免操作对设备造成损害。要注意避免安全绳接触尖利物品和腐蚀性物质。没有减震器的安全绳不能作为防坠系统。在一次坠落事故发生后，安全绳不能继续使用。安全绳如可调节，使用期间定期检查调节器位置。

（6）安全绳在每次使用后要检查。最好的检查工具就是手，手可以敏感地侦测到绳子上的异常处。例如某处突然扁下去，和其他地方粗细感觉不同，或某一段特别松弛等。钩环、8 字环、ATC、上升器，这些会直接接触绳子的器材，也要检查。

（7）绳子应定期清洗，用冷水和中性清洁剂（如象牙肥皂）稍微浸泡一下，之后不断地搅拌，让绳子各处都能洗到。特别脏的地方，用软刷轻轻地刷洗。多换几次水，确定所有清洁剂都冲掉了，再将它摊开在地上或吊起来，置于阴凉通风处自然干燥。不能晒太阳，或使用烘干机、吹风机。避火避热。其他在使用过程中已受潮的部件也需如此。

2. 手扶水平安全绳

手扶水平安全绳设置在高处作业的特殊部位，如悬空的钢梁、框架连系梁等。在吊装就位后，施工人员在上面行走，为保持人体重心平衡以防坠落的扶绳。

手扶水平安全绳的设置及使用要求有以下几个方面：

（1）手扶水平安全绳宜采用带有塑胶套的纤维芯 6×37＋1 钢丝绳，其技术性能应符合《圆股钢丝绳》（GB 1102—74）的要求，并有产品生产许可证和产品出厂合格证。

（2）钢丝绳两端应固定在牢固可靠的构架上，在构架上缠绕不得少于 2 圈，与构架棱角处相接触时应加衬垫。

（3）钢丝绳端部固定连接应使用绳卡（也叫作钢丝绳夹头），绳卡压板应在钢丝绳长头的一端，绳卡数量应不少于 3 个，绳卡间距不应小于钢丝绳直径的 6 倍；安全夹头安装在距最后一只夹头 500mm 左右，应将绳头放出一段安全弯后再与主绳夹紧。

（4）钢丝绳固定高度应为 1.1～1.4m；每间隔 2m 应设一个固定支撑点；钢丝绳固定后弧垂应为 10～30mm。

（5）手扶水平安全绳仅作为高处作业特殊情况下，为作业人员行走时的扶绳，严禁作安全带悬挂点使用。应经常地检查固定端或固定点是否有松动现象，钢丝绳是否有损伤和腐蚀、断股现象。

3. 吊篮安全绳的使用方法

吊篮安全绳的设置及使用要求有以下几个方面：

（1）使电动吊篮安全绳与承重绳两绳处于平行垂吊状态，然后将安全器液轮支臂向前推至垂直的位置。

（2）安全绳在顶端用 3 个卡扣依次拧紧，并套好鸡心环，再套在挑梁前端的穿钉上。

（3）将安全绳在距地面 200mm 处用同样的方法固定于坠砣上，检查是否与工作绳扣缠连，如两绳呈并行，就可将顺放于地面上的配重螺纹钢从坠砣环中穿入，压上或连接约 25kg 的配重物。

（4）将工作绳端头从坠砣平面带有外螺纹孔的坠砣拉芯穿过，拉紧，距地面约 400mm 处用紧固螺母紧固。拉簧两端分别钩挂连接在坠砣环和顺放于地面上的配重螺纹钢上。

（5）将吊篮钢丝绳端头从安全器孔自上而下穿过，经支架孔，引导进入壳体上同侧的安全绳定位套孔穿过，准备与坠砣连接。

（六）安全绳的保管

安全绳作为生命安全保障的重要道具，良好的保存是安全使用的根本，下面是保管安全绳时的一些注意事项：

（1）避免安全绳接触化学物品。应把救援绳存放在避光、凉爽和无化学物质的地方，最好使用专用绳包存放安全绳。

（2）安全绳达到以下状态之一者应作报废处理：外层（耐磨层）发生大面积破损或有绳芯露出；连续使用 300 次（含）以上；外层（耐磨层）沾有久洗不除的油污及易燃化学品残留物，影响使用性能时；内层（受力层）损坏严重而无法修复等。

（3）每周进行一次外观检查，检查内容包括：有无划伤或严重磨损，有无被化学物质腐蚀、严重掉色，有无变粗、变细、变软、变硬，绳包有无出现严重破损等情况。

（4）每次使用安全绳后，应该认真检查安全绳外层（耐磨层）有无划伤或严重磨损，有无被化学物质腐蚀、变粗、变细、变软、变硬或绳套出现严重破损等情况（可以用手摸的方法检查安全绳的物理形变），如果发生上述情况，请立即停止使用该安全绳。

（5）严禁在地面上拖拉安全绳，不要踩踏安全绳，拖拉和踩踏安全绳会使沙砾碾磨安全绳表层，导致安全绳磨损加速。

（6）严禁锋利边角刮割安全绳。负重安全绳的任何部分与任何形状的边角接触时都极易发生磨损，并有可能导致安全绳发生断裂。因此有摩擦危险的地方使用安全绳，必须使用安全绳护垫、墙角护轮等对安全绳进行保护。

（7）清洗时提倡使用专用的洗绳器具，应该使用中性的洗涤剂，然后用清水冲洗干净，放置在阴凉的环境中风干，不要放在太阳下暴晒。

（8）安全绳在使用前也应该检查与之配套的挂钩、滑轮、缓降 8 字环等金属器材有无毛刺、裂口、形变等，以避免伤及安全绳。

二、速差自控器

速差自控器又叫速差防坠器，用于人员高空作业时防止意外坠落，即使意外坠落也能快速有效地保障人员安全，能在限定距离内快速制动锁定坠落人员，保护人员的生命安全。

速差自控器利用物体下坠的速度进行自控。该产品高挂低用，使用时只需要将锦纶吊绳跨过上方坚固钝边的结构物质上，将安全扣除吊环，将速差自控器悬挂在使用者上方，把安全绳上的铁钩钩在安全带的半圆环内,即可使用。正常使用时,安全绳将随人体自由伸缩,不需经常更换悬挂位置,在器内机构的作用下,安全绳一直处于半紧张状态,使用者轻松自如,可以无牵挂地工作,由为减少落差创造条件。一旦人体失足坠落,安全绳的拉出速度加快,器内控制系统即自动锁止,安全绳拉出不超0.2m,冲击距离小于3000N,负荷一解除安全绳又能恢复正常工作,工作完毕安全绳将自动收回器内,便于携带。

(一) 分类和标记

1. 分类

速差器按安全绳材料及形式分为织带速差器、纤维绳速差器、钢丝绳速差器;按功能分为带有整体救援装置和不带整体救援装置两类。

2. 标记

速差器的标记由产品特征、产品性能两部分组成。

(1) 产品特征:以字母 Z 代表织带速差器,以字母 X 代表纤维绳速差器,以字母 G 代表钢丝绳速差器,以字母 J 代表带有整体救援装置,以阿拉伯数字代表安全绳最大伸展长度。

(2) 产品性能:以字母 J 代表基本性能,以字母 G 代表高温性能,以字母 D 代表低温性能,以字母 S 代表浸水性能,以字母 F 代表抗粉尘性能,以字母 Y 代表抗油污性能。

示例:具备基本性能的织带速差器,安全绳最大伸展长度为3m,表示为 Z‐J‐3;带有整体救援装置的钢丝绳速差器,同时具备高温、抗粉尘性能和抗油污性能,安全绳最大伸展长度为10m,表示为 GJ‐GFY‐10。

(二) 技术要求

与速差器相连的部件应符合相应的产品标准要求。

1. 速差器的外观和结构

(1) 速差器的外观应平滑,无材料和制造缺陷,无毛刺和锋利边缘。

(2) 速差器应带有可防止在下落过程中安全绳被过快抽出的自动锁死装置。

(3) 在速差器顶端应有合适的装置同挂点连接。

(4) 速差器顶端挂点或安全绳末端连接器应有可旋转的装置。

(5) 速差器应有安全绳回收装置,确保安全绳独立和自动的回收。

(6) 速差器上安全绳出口处应无尖角和锋利边缘。

2. 速差器安全绳

(1) 速差器使用的安全绳应符合《坠落防护 安全绳》(GB 24543—2009) 的规定。

(2) 当钢丝绳作为速差器安全绳使用时,直径不应小于5mm。

(3) 安全绳末端应有专门用于安装连接器的环眼,绳结不能用来作为安全绳环眼使用。

3. 缓冲器

(1) 连接在安全绳上的缓冲器应符合《坠落防护 缓冲器》(GB/T 24538—2009) 的规定,并应在安全绳完全收回时位于速差器外部。

(2) 速差器内部的缓冲器装置不应影响速差器正常锁止功能,不应对安全绳产生不正常的磨损。

4. 整体救援装置

(1) 整体救援装置可分为单向升高和可升降两种。

(2) 带有整体救援装置的速差器应有控制装置，使救援人员可以控制受困人员的升降，但不能影响速差器的正常使用。

(3) 救援装置应有保险功能，避免无意操作。

(4) 启动救援装置的时间不应超过 20s。

（三）标识

1. 永久标识

速差器的永久标识应至少包括以下内容：

(1) 产品名称及标记。

(2) 本标准号。

(3) 制造厂名。

(4) 生产日期（年、月）、有效期。

(5) 法律法规要求标注的其他内容。

2. 产品说明书

每个速差器应配有详细说明书，至少应包括以下内容：

(1) 厂商名称。

(2) 厂商地址等其他信息。

(3) 产品用途、限制、最大工作高度。

(4) 警告禁止擅自改装。

(5) 安装使用说明。

(6) 储存、清洗、维护、在使用前的检查步骤等说明。

(7) 建议依据使用环境，至少一年一次由专业人员按照厂商的说明对产品进行周期性检查。

(8) 产品报废条件。

(9) 法律法规要求说明的其他内容。

（四）使用常识

(1) 速差自控器应高挂低用，悬挂与使用者上方固定的结构物质上，应防止摆动碰撞。水平活动应在以垂直线为中心半径 1.5m 范围内。原则上倾斜不超过 30°，30°以上必须考虑能否撞击到周围的物体。

(2) 正常拉动安全绳时，会发生"嗒、嗒"声响。如安全绳收不回去，稍作速度调节即可。

(3) 严禁将绳打结使用，速差自控器的绳钩必须挂在安全带的连接环上；必须远离尖锐物体、火源、带电物体。

(4) 双强速差自控器上的各部件，不得任意拆除、更换；使用时也不需添加任何润滑剂；使用前应做实验，确认正常后方可使用。

(5) 在使用速差自控器过程中要经常性的检查速差自控器的工作性能是否良好；绳钩、吊环、固定点、螺母等有无松动；壳体有无裂纹或损伤变形；钢丝绳有无磨损、变形

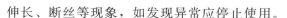

伸长、断丝等现象，如发现异常应停止使用。

（6）速差自控器在不使用时应防止雨淋，防止接触腐蚀性的物质。

（7）速差自控器必须有省级以上安全检验部门的产品合格证。

（8）双强速差自控器使用时，钢丝绳拉出后工作完毕，收回器内时中途严禁松手。避免回速过快造成弹簧断裂钢丝绳打结，不能使用。钢丝绳收回器内后即可松手。

三、安全绳自锁器

自锁器一直在人体下方自由跟随人体上、下运动，人体一旦下坠即自动快速锁止。开、合保险，即可快速装卸。它具有结构先进、合理，锁止快速、稳定，下坠距离更短，冲击力更小，安全系数更高，上下攀登更方便等优点。

（一）一般规定

（1）导轨应按照制造商的安装说明，用一定间隔的金属支架等装置固定于梯子、杆塔或其他结构。

（2）应能保证自锁器至少可在导轨的一段安装或拆下。

（3）导轨应保证自锁器可以上下顺畅的运动，并防止自锁器意外脱落。

（4）当自锁器使用打开装置时，导轨两端应安装挡板或类似装置防止自锁器意外滑脱。

（5）打开装置应设计为必须经过两个连续准确的动作才能打开。安装自锁器时，应设计为自动锁闭，保证在日常使用时，自锁器不会意外脱离导轨。

（6）自锁器应具有自动锁止功能，而不应仅靠惯性锁止。

（7）无论柔性导轨绷紧或松弛，自锁器均应能正常工作。

（8）如自锁器带有手动锁止功能，则此功能不应影响自动锁止功能的正常工作。

（9）自锁器在导轨上的拆下应必须经过两个连续准确的动作才能完成，正常使用时，自锁器不能脱离导轨且仅在规定的方向上移动。

（10）如果自锁器位于导轨的某一端或某一点时，或自锁器安装方向错误时，可能会出现锁止功能削弱或失效的情况。应在设计时尽可能避免此种情况的发生，或将此种危险明确地标示出来，警示使用者。

（11）与钢丝绳等制成的柔性导轨连接的连接绳长度不应超过 0.3m，与织带、纤维绳制成的柔性导轨连接的连接绳长度不应超过 1m。

（二）标识

1. 自锁器上的永久标识应至少包括以下内容

（1）产品合格标志。

（2）本标准号。

（3）产品名称、规格型号。

（4）生产单位名称。

（5）生产日期、有效期限。

（6）正确使用方向的标志。

（7）最大允许连接绳长度。

（8）所适合的导轨类型（材质、直径）。

2．导轨上的标识应至少包括以下内容

（1）产品合格标志。

（2）本标准号。

（3）产品名称、规格型号。

（4）生产日期、有效期限。

（5）产品材质、直径。

3．每一套自锁器应带有一份产品说明书，随产品到达使用者手中，应至少包括以下内容

（1）产品的适用与不适用对象。

（2）生产单位的名称、地址、联系方式。

（3）正确安装、使用的方法（包括图示）及注意事项。

（4）运输、清洁、维护、储存的方法及注意事项。

（5）定期检查的方法和部位。

（6）整体报废或更换零部件的条件及要求。

（三）安全绳自锁器的使用和维护要求

（1）自锁器的主绳应根据需要在设备构架吊装前设置好；主绳应垂直放置，上下两端固定，上下同一保护范围内严禁有接头；主绳与设备构架的间距应能满足自锁器灵活使用。

（2）使用前应将自锁器压入主绳试拉，当猛拉圆环时，应锁止灵活，确认安全、保险完好无误后，方可使用。

（3）安全绳和主绳严禁打结、绞结使用；绳钩必须挂在安全带的连接环上使用；严禁尖锐物体、火源、腐蚀剂及带电物体接近或接触自锁器及主绳。出现这类情况时应停止使用，并进行检查，确认无误后，方可继续使用。

（4）应对自锁器进行经常性的检查，要求工作性能良好；锁钩、螺栓、铆钉等应无松动；壳体应无裂纹或变形；安全绳应无磨损和无变形伸长；上下固定点无松弛。如发现异常应及时处理或更换。

四、座板式单人吊具

座板式单人吊具是指个体使用的具有防坠功能的沿建筑物立面自上而下移动的无动力载人用具。它由挂点装置和悬吊下降系统组成。其中，挂点装置是在屋面上固定悬吊下降系统和坠落保护系统的装置；悬吊下降系统是由工作绳、下降器、连接器、座板装置组成，通过手控下降器，沿工作绳将座板下降或固定在任意高度进行作业的工作系统。

（1）工作绳。固定在挂点装置上，沿作业面敷设，下降器安装其上，工作时承担人体及携带物重量的长绳。

（2）下降器。安装在工作绳上，以工作载重量为动力，通过手控下降的装置，有棒式、多板式、8字环式等多种型式。

（3）连接器。将系统内零部件连接在一起、具有常闭活门的环类零件，亦称为"安全钩"。

（4）柔性导轨。固定在挂点装置上，沿作业面敷设，带自锁器，发生坠落时承担人体冲击力的长绳，亦称"生命绳"。

（5）自锁器。可重复使用，具有导向和自锁功能的器具。沿柔性导轨，随作业人员位置的改变而调节移动，发生坠落时，能立即自动锁定在柔性导轨上。

（6）坠落悬挂安全带。当高处作业或登高人员发生坠落时，将作业人员悬挂在空中的安全带。

（7）座板装置。承载作业人员的装置。由吊带、衬带拦腰带和座板组成（吊带：将座板悬吊在下降器上的带；衬带：为防止磨损衬在吊带与座板底面之间的带；拦腰带：为防止作业人员从坐板滑脱，在两吊带之间安装的横带）。

（一）设计原则

1. 挂点装置

（1）座板式单人吊具的总载重量不应大于165kg，挂点装置静负荷承载能力不应小于总载重量的2倍。

（2）屋面钢筋混凝土结构的静负荷承载能力大于总载重量的2倍时，允许将屋面钢筋混凝土结构作为挂点装置的固定栓固点。在栓固前应按建筑资料核实静负荷承载能力，无建筑资料的应由经过专业培训的，有5年以上高空作业经验的项目负责人检查通过后签字确认。

（3）利用屋面钢筋混凝土结构作为挂点装置时，固定栓固点应为封闭型结构，防止工作绳、柔性导轨从栓固点脱出。

（4）严禁利用屋面砖混砌筑结构、烟囱、通气孔、避雷线等结构作为挂点装置。

（5）无女儿墙的屋面不准采用配重物型式作为挂点装置。

（6）每个挂点装置只供一人使用。

（7）工作绳与柔性导轨不准使用同一挂点装置。

2. 悬吊下降系统

（1）悬吊下降系统工作载重量不应大于100kg。

（2）当作业人员发生坠落悬挂时，悬吊下降系统的所有部件应保证与作业人员分离。

（3）工作绳、柔性导轨、安全短绳应同时配套使用。

3. 坠落保护系统

（1）每个作业人员应单独配置坠落保护系统。

（2）自锁器在发生坠落锁止后，应借助人工明确动作才能打开。

（3）柔性导轨、安全短绳经过一次坠落冲击后应报废，严禁重复使用。

（二）技术要求

1. 一般要求

（1）座板上表面应具有防滑功能，无裂痕、糟朽，并应进行防水处理。

（2）金属件表面应光洁，无裂纹、麻点及能够损伤绳索的缺陷，并应进行防锈处理。

（3）屋面固定架的表面应进行防腐处理。所有焊缝外观应连续、平整，无气孔、夹渣等缺陷。

2．结构要求

（1）座板上应有挂清洗工具的装置。

（2）吊带应为一根整带。

（3）工作绳、柔性导轨和安全短绳不应有接头。

（4）工作绳、柔性导轨和安全短绳不应使用丙纶纤维材料制作。

（5）工作绳、柔性导轨和安全短绳应采用插接或压接的环眼。插接时每股绳应插接4道花，尾端整理成锥形。

（6）工作绳、柔性导轨和安全短绳的环眼内应装有塑料或金属支架。

（7）下降器、金属圆环、半圆环不应焊接。金属件边缘应加工成 $R4$ 以上的光滑弧形。

（8）工作绳、柔性导轨的制造商应在其产品上标明有效使用期及使用条件。

（9）工作绳、柔性导轨的使用者应按产品上标明的有效使用期及使用条件使用，超过使用期应报废。

（10）工作绳、柔性导轨出现下列情况之一时，应立即报废：

1）被切割、断股、严重擦伤、绳股松散或局部破损。

2）表面纤维严重磨损，局部绳径变细，或任一绳股磨损达原绳股 $1/3$。

3）内部绳股间出现破断，有残存碎纤维或纤维颗粒。

4）发霉变质，酸碱烧伤，热熔化或烧焦。

5）表面过多点状疏松、腐蚀。

6）插接处破损，绳股拉出。

7）编织绳的外皮磨破。

3．尺寸要求

（1）座板要求：长度 600mm±20mm；宽度 170mm±10mm；厚度介于 15～20mm；开孔间距 450mm±20mm；开孔长度 90mm±5mm；开孔宽度 25mm±3mm。

（2）吊带要求：整体长度 1600mm±50mm；宽度 50mm±2mm。

（3）衬带要求：长度 600mm±20mm；宽度 80mm±3mm。

（4）安全短绳：安全短绳长度为 600mm±10mm。

4．作业环境要求

（1）作业环境气温不大于 35℃。

（2）悬吊作业地点风力大于4级时，严禁悬吊作业。

（3）大雾、大雪、凝冻、雷电、暴雨等恶劣气候，严禁悬吊作业。

（三）安全检查

（1）安装前应检查挂点装置、座板装置、绳、带的零部件是否齐全，连接部位是否灵活可靠，有无磨损、锈蚀、裂纹等情况，发现问题应及时处理，不准带故障安装或作业。

（2）安装应由经过专业培训合格的人员按产品说明书的安装要求进行。安装完毕应经安全员检查通过签字确认方可投入使用。

（3）每次作业前应检查的项目见表 3－4－1。

表 3 - 4 - 1	每次作业前应检查的项目
检查项目	内 容
建筑物支撑处	能否支承吊具的全部重量
工作绳、柔性导轨、安全短绳	是否有锈蚀、磨损断股现象
屋面固定架	配重和销钉是否完整牢固
自锁器	动作是否灵活可靠
坠落悬挂安全带	是否损伤
挂点装置	是否牢固可靠，承载能力是否符合要求，绳结应为死结，绳扣不能自动脱出
建筑物凸缘或转角处的衬垫	是否垫好，在作业过程中随时检查衬垫是否脱离绳索
劳动保护用品	是否穿戴

注 检查应有记录，每项检查应由检查责任人签字确认。

（四）使用要求

（1）悬吊作业时屋面应有经过专业培训的安全员监护。

（2）悬吊作业区域下方应设警戒区，其宽度应符合《高处作业分级》（GB/T 3608—2008）中可能坠落范围半径 R 的要求，在醒目处设警示标志并有专人监控。悬吊作业时警戒区内不得有人、车辆和堆积物。

（3）悬吊作业前应制定发生事故时的应急和救援预案。

（4）工作绳、柔性导轨应注意预防磨损，在建筑物的凸缘或转角处应垫有防止绳索损伤的衬垫，或采用马架。

（5）作业人员应按先系好安全带，再将自锁器按标记箭头向上安装在柔性导轨上，扣好保险，最后上座板装置。检查无误后方可悬吊作业。

（6）工具应带连接绳，避免作业时失手脱落。悬吊作业时严禁作业人员间传递工具或物品。

（7）作业时应佩戴符合《头部防护 安全帽》（GB 2811—2019）要求的安全帽。

（8）根据作业需要穿用符合要求的抗油拒水清洗作业服。

（9）根据作业需要佩戴符合《个人用眼护具技术要求》（GB 14866—2006）要求的眼护具或面罩。

（10）作业时穿用的清洗作业靴，靴底应有防滑功能，靴面应抗油拒水，耐酸碱腐蚀。

（11）根据作业需要佩戴防护手套。

（12）在垂放绳索时，作业人员应系好安全带。绳索应先在挂点装置上固定，然后顺序缓慢下放，严禁整体抛下。

（13）无安全措施时，严禁在女儿墙上做任何活动。

（14）停工期间应将工作绳、柔性导轨下端固定好，防止行人或大风等因素造成人员伤害及财产损失。

（15）每天作业结束后应将悬吊下降系统、坠落防护系统收起，整理好。

（16）工作绳、柔性导轨应放在干燥通风处，并应盘整好悬吊保存，不准堆积踩压。

（17）严禁将已报废的工作绳作为柔性导轨使用。

（18）严禁使用含氢氟酸的清洗剂。

第五节 劳动防护用品

个体防护装备为从业人员为防御物理、化学、生物等外界因素伤害所穿戴、配备和使用的各种防护用品的总称。在生产作业场所穿戴、配备和使用的劳动防护用品也称个体防护装备。

一、作业类别

按照工作环境中主要危险特征及工作条件特点，分为39种作业类别，见表3－5－1。

表3－5－1　　　　　　　　作业类别及主要危险特征举例

编号	作业类别	说　明	可能造成的事故类型	举　例
A01	存在物体坠落、撞击的作业	物体坠落或横向上可能有物体相撞的作业	物体打击与碰撞	建筑安装、桥梁建设、采矿、钻探、造船、起重、森林采伐
A02	有碎屑飞溅的作业	加工过程中可能有切削飞溅的作业		破碎、锤击、铸件切削、砂轮打磨、高压流体
A03	操作转动机械作业	机械设备运行中引起的绞、碾等伤害的作业	机械伤害	机床、传动机械
A04	接触锋利器具作业	生产中使用的生产工具或加工产品易对操作者产生割伤、刺伤等伤害的作业		金属加工的打毛清边、玻璃装配与加工
A05	地面存在尖利器物的作业	工作平面上可能存在对工作者脚部或腿部产生刺伤伤害的作业	其他	森林作业、建筑工地
A06	手持振动机械作业	生产中使用手持振动工具，直接作用于人的手臂系统的机械振动或冲击作业	机械伤害	风钻、风铲、油锯
A07	人承受全身振动的作业	承受振动或处于不易忍受的振动环境中的作业		田间机械作业驾驶、林业作业
A08	铲、装、吊、推机械操作作业	各类活动范围较小的重型采掘、建筑、装载起重设备的操作与驾驶作业	其他运输工具伤害	操作铲机、推土机、装卸机、天车、龙门吊、塔吊、单臂起重机等机械
A09	低压带电作业	额定电压小于1kV的带电操作作业	电流伤害	低压设备或低压线带电维修
A10	高压带电作业	额定电压大于或等于1kV的带电操作作业		高压设备或高压线路带电维修
A11	高温作业	在生产劳动过程中，其工作地点平均WBGT指数等于或大于25℃的作业，如：热的液体、气体对人体的烫伤，热的固体与人体接触引起的灼伤，火焰对人体的烧伤以及炽热源的热辐射对人体的伤害	热烧灼	熔炼、浇注、热轧、锻造、炉窑作业

续表

编号	作业类别	说 明	可能造成的事故类型	举 例
A12	易燃易爆场所作业	易燃易爆品失去控制的燃烧引发火灾	火灾	接触火工材料、易挥发易燃的液体及化学品、可燃性气体的作业，如汽油、甲烷等
A13	可燃性粉尘场所作业	工作场所中存有常温、常压下可燃固体物质粉尘的作业	化学爆炸	接触可燃性化学粉尘的作业，如铝镁粉等
A14	高处作业	坠落高度基准面大于2m的作业	坠落	室外建筑安装、架线、高崖作业、货物堆砌
A15	井下作业	存在矿山工作面、巷道侧壁的支护不当、压力过大造成的坍塌或顶板坍塌，以及高势能水意外流向低势能区域的作业	冒顶片帮、透水	井下采掘、运输、安装
A16	地下作业	进行地下管网的铺设及地下挖掘的作业		地下开拓建筑安装
A17	水上作业	有落水危险的水上作业	影响呼吸	水上作业平台、水上运输、木材水运、水产养殖与捕捞
A18	潜水作业	需潜入水面以下的作业		水下采集、救捞、水下养殖、水下勘查、水下建造、焊接与切割
A19	吸入性气相毒物作业	工作场所中存有常温、常压下呈气体或蒸气状态、经呼吸道吸入能产生毒害物质的作业	毒物伤害	接触氯气、一氧化碳、硫化氢、氯乙烯、光气、汞的作业
A20	密闭场所作业	在空气不流通的场所中作业，包括在缺氧即空气中含氧浓度小于18％和毒气、有毒气溶胶超过标准并不能排除等场所中作业	影响呼吸	密闭的罐体、房仓、孔道或排水系统、炉窑、存放耗氧器具或生物体进行耗氧过程的密闭空间
A21	吸入性气溶胶毒物作业	工作场所中存有常温、常压下呈气溶胶状态、经呼吸道吸入能产生毒害物质的作业		接触铝、铬、铍、锰、镉等有毒金属及其化合物的烟雾和粉尘、沥青烟雾、矽尘、石棉尘及其他有害的动（植）物性粉尘的作业
A22	沾染性毒物作业	工作场所中存有能粘附于皮肤、衣物上，经皮肤吸收产生伤害或对皮肤产生毒害物质的作业	毒物伤害	接触有机磷农药、有机汞化合物、苯和苯的二及三硝基化合物、放射性物质的作业
A23	生物性毒物作业	工作场所中有感染或吸收生物毒素危险的作业		有毒性动植物养殖、生物毒素培养制剂、带菌或含有生物毒素的制品加工处理、腐烂物品处理、防疫检验
A24	噪声作业	声级大于85dB的环境中的作业	其他	风钻、气锤、铆接、钢筒内的敲击或铲锈
A25	强光作业	强光源或产生强烈红外辐射和紫外辐射的作业	辐射伤害	弧光、电弧焊、炉窑作业
A26	激光作业	激光发射与加工的作业		激光加工金属、激光焊接、激光测量、激光通信

续表

编号	作业类别	说　　明	可能造成的事故类型	举　　例
A27	荧光屏作业	长期从事荧光屏操作与识别的作业	辐射伤害	电脑操作、电视机调试
A28	微波作业	微波发射与使用的作业		微波机调试、微波发射、微波加工与利用
A29	射线作业	产生电离辐射的、辐射剂量超过标准的作业		放射性矿物的开采、选矿、冶炼、加工、核废料或核事故处理、放射性物质使用、X射线检测
A30	腐蚀性作业	产生或使用腐蚀性物质的作业	化学灼伤	二氧化硫气体净化、酸洗、化学镀膜
A31	易污作业	容易污秽皮肤或衣物的作业	其他	炭黑、染色、油漆、有关的卫生工程
A32	恶味作业	产生难闻气味或恶味不易清除的作业	影响呼吸	熬胶、恶臭物质处理与加工
A33	低温作业	在生产动过程中，其工作地点平均气温等于或低于5℃的作业	影响体温调节	冰库
A34	人工搬运作业	通过人力搬运，不使用机械或其它自动化设备的作业	其他	人力抬、扛、推、搬移
A35	野外作业	从事野外露天作业	影响体温调节	地质勘探、大地测量
A36	涉水作业	作业中需接触大量水或须立于水中	其他	矿井、隧道、水力采掘、地质钻探、下水工程、污水处理
A37	车辆驾驶作业	各类机动车辆驾驶的作业	车辆伤害	汽车驾驶
A38	一般性作业	无上述作业特征的普通作业	其他	自动化控制、缝纫、工作台上手工胶合与包装、精细装配与加工
A39	其他作业	A01～A38以外的作业		

注　实际工作中涉及多项作业特征的，为综合性作业。

二、个体防护装备的防护性能

常用个体防护装备的防护性能的说明，见表3-5-2。

表3-5-2　　　　　　　　常用个体防护装备的防护性能的说明

编号	防护用品品类	防护性能说明
B01	工作帽	防头部脏污、擦伤、长发被绞住
B02	安全帽	防御物体对头部造成冲击、刺穿、挤压等伤害
B03	防寒帽	防御头部或面部冻伤
B04	防冲击安全头盔	防止头部遭受猛烈撞击，供高速车辆驾驶者佩戴

续表

编号	防护用品品类	防 护 性 能 说 明
B05	防尘口罩（防颗粒物呼吸器）	用于空气中含氧19.5%以上的粉尘作业环境，防止吸入一般性粉尘，防御颗粒物（如毒烟、毒雾）等危害呼吸系统或面部
B06	防毒面具	使佩戴者呼吸器官与周围大气隔离，由肺部控制或借助机械力通过导气管引入清洁空气供人体呼吸
B07	空气呼吸器	防止吸入对人体有害的毒气、烟雾、悬浮于空气中的有害污染物或在缺氧环境中使用
B08	自救器	体积小、携带轻便，供矿工个人短时间内使用。当煤矿井下发生事故时，矿工佩戴它可以通过充满有害气体的井巷，迅速离开灾区
B09	防水护目镜	在水中使用，防御水对眼部的伤害
B10	防冲击护目镜	防御铁屑、灰砂、碎石等物体飞溅对眼部产生的伤害
B11	防微波护目镜	屏蔽或衰减微波辐射，防御对眼部的微波伤害
B12	防放射性护目镜	防御X、Y射线、电子流等电离辐射物质对眼部的伤害
B13	防强光、紫外线、红外线护目镜或面罩	防止可见光、红外线、紫外线中的一种或几种对眼面的伤害
B14	防激光护目镜	以反射、吸收、光化等作用衰减或消除激光对人眼的危害
B15	焊接面罩	防御有害弧光、熔融金属飞溅或粉尘等有害因素对眼睛、面部（含颈部）的伤害
B16	防腐蚀液护目镜	防御酸、碱等有腐蚀性化学液体飞溅对人眼产生的伤害
B17	太阳镜	阻挡强烈的日光及紫外线，防止刺眼光线及眩目光线，提高视觉清晰度
B18	耳塞	防护暴露在强噪声环境中工作人员的听力受到损伤
B19	耳罩	适用于暴露在强噪声环境中的工作人员，保护听觉、避免噪声过度刺激，不适宜戴耳塞时使用
B20	防寒手套	防止手部冻伤
B21	防化学品手套	具有防毒性能，防御有毒物质伤害手部
B22	防微生物手套	防御微生物伤害手部
B23	防静电手套	防止静电积聚引起的伤害
B24	焊接手套	防御焊接作业的火花、熔融金属、高温金属、高温辐射对手部的伤害
B25	防放射性手套	具有防放射性能，防御手部免受放射性伤害
B26	耐酸碱手套	用于接触酸（碱）时戴用，也适用于农、林、牧、渔各行业一般操作时戴用
B27	耐油手套	保护手部皮肤避免受油脂类物质的刺激
B28	防昆虫手套	防止手部遭受昆虫叮咬
B29	防振手套	具有衰减振动性能，保护手部免受振动伤害
B30	防机械伤害手套	保护手部免受磨损、切割、刺穿等机械伤害
B31	绝缘手套	使作业人员的手与带电物体绝缘，免受电流伤害
B32	防水胶靴	防水、防滑和耐磨，适合工矿企业职工穿用的胶靴
B33	防寒鞋	鞋体结构与材料都具有防寒保暖作用，防止脚部冻伤
B34	隔热阻燃鞋	防御高温、熔融金属火花和明火等伤害

续表

编号	防护用品品类	防护性能说明
B35	防静电鞋	鞋底采用静电材料，能及时消除人体静电积累
B36	防化学品鞋（靴）	在有酸、碱及相关化学品作业中穿用，用各种材料或者复合型材料做成，保护脚或腿防止化学飞溅所带来的伤害
B37	耐油鞋	防止油污污染，适合脚部接触油类的作业人员
B38	防振鞋	衰减振动，防御振动伤害
B39	防砸鞋（靴）	保护足趾免受冲击或挤压伤害
B40	防滑鞋	防止滑倒，用于登高或在油渍、钢板、冰上等湿滑地面上行走
B41	防刺穿鞋	矿上、消防、工厂、建筑、林业等部门使用的防足底刺伤
B42	绝缘鞋	在电气设备上工作时作为辅助安全用具，防触电伤害
B43	耐酸碱鞋	用于涉及酸、碱的作业，防止酸、碱对足部造成伤害
B44	矿工靴	保护矿工在井下免受足部伤害
B45	焊接防护鞋	防御焊接作业的火花、熔融金属、高温金属、高温辐射对足部的伤害
B46	一般防护服	以织物为面料，采用缝制工艺制作的，起一般性防护作用
B47	防尘服	透气（湿）性织物或材料制成的防止一般性粉尘对皮肤的伤害，能防止静电积聚
B48	防水服	以防水橡胶涂覆织物为面料防御水透过和漏入
B49	水上作业服	防止落水沉溺，便于救助
B50	潜水服	用于潜水作业
B51	防寒服	具有保暖性能，用于冬季室外作业职工或常年低温环境作业职工的防寒
B52	化学品防护服	防止危险化学品的飞溅和与人体接触对人体造成的危害
B53	阻燃防护服	用于作业人员从事有明火、散发火花、在熔融金属附近操作有辐射热和对流热的场合和在有易燃物质并有着火危险的场所穿用，在接触火焰及炽热物体后，一定时间内能阻止本身被点燃、有焰燃烧和阴燃
B54	防静电服	能及时消除本身静电积聚危害，用于可能引发电击、火灾及爆炸危险场所穿用
B55	焊接防护服	用于焊接作业，防止作业人员遭受熔融金属飞溅及其热伤害
B56	白帆布类隔热服	防止一般性热辐射伤害
B57	镀反射膜类隔热服	防止高热物质接触或强烈热辐射伤害
B58	热防护服	防御高温、高热、高湿度
B59	防放射性服	具有防放射性性能
B60	防酸（碱）服	用于从事酸（碱）作业人员穿用，具有防酸（碱）性能
B61	防油服	防御油污污染
B62	救生衣（圈）	防止落水沉溺，便于救助
B63	带电作业屏蔽服	在 10～500kV 电器设备上进行带电作业时，防护人体免受高压电场及电磁波的影响
B64	绝缘服	可防 7000V 以下高电压，用于带电作业时的身体防护
B65	防电弧服	碰到电弧爆炸或火焰的状况下，服装面料纤维会膨胀变厚，关闭布面的空隙，将人体与热隔绝并增加能源防护屏障，以致将伤害程度减至最低

续表

编号	防护用品品类	防护性能说明
B66	棉布工作服	有烧伤危险时穿用，防止烧伤伤害
B67	安全带	用于高处作业、攀登及悬吊作业，保护对象为体重及负重之和最大100kg的使用者。可减小从高处坠落时产生的冲击力、防止坠落者与地面或其他障碍物碰撞、有效控制整个坠落距离
B68	安全网	用来防止人、物坠落，或用来避免、减轻坠落物及物击伤害
B69	劳动护肤剂	涂抹在皮肤上，能阻隔有害因素
B70	普通防护装备	普通防护服、普通工作帽、普通工作鞋、劳动防护手套、雨衣、普通胶靴
B71	其他零星防护用品（如披肩帽、鞋罩、围裙、套袖等）	防尘、阻燃、防酸、防碱等
B72	多功能防护装备	同时具有多种防护功能的防护用品

三、个体防护装备选用

根据作业类别可以或建议佩戴的个体防护装备见表3-5-3。

表3-5-3　　　　　　　　　个体防护装备的选用

作业类别		可以使用的防护用品	建议使用的防护用品
编号	类别名称		
A01	存在物体坠落、撞击的作业	B02 安全帽 B39 防砸鞋（靴） B41 防刺穿鞋 B68 安全网	B40 防滑鞋
A02	有碎屑飞溅的作业	B02 安全帽 B10 防冲击护目镜 B46 一般防护服	B30 防机械伤害手套
A03	操作转动机械作业	B01 工作帽 B10 防冲击护目镜 B71 其他零星防护用品	
A04	接触锋利器具作业	B30 防机械伤害手套 B46 一般防护服	B02 安全帽 B39 防砸鞋（靴） B41 防刺穿鞋
A05	地面存在尖利器物的作业	B41 防刺穿鞋	B02 安全帽
A06	手持振动机械作业	B18 耳塞 B19 耳罩 B29 防振手套	B38 防振鞋
A07	人承受全身振动的作业	B38 防振鞋	
A08	铲、装、吊、推机械操作作业	B02 安全帽 B46 一般防护服	B05 防尘口罩（防颗粒物呼吸器） B10 防冲击护目镜
A09	低压带电作业	B31 绝缘手套 B42 绝缘鞋 B64 绝缘服	B02 安全帽（带电绝缘性能） B10 防冲击护目镜

作业 类别		可以使用的防护用品	建议使用的防护用品
编号	类别名称		
A10	高压带电作业	在1～10kV带电设备上进行作业时 B02 安全帽（带电绝缘性能） B31 绝缘手套 B42 绝缘鞋 B64 绝缘服	B10 防冲击护目镜 B63 带电作业屏蔽服 B65 防电弧服
		在10～500kV带电设备上进行作业时　B63 带电作业屏蔽服	B13 防强光、紫外线、红外线护目镜或面罩
A11	高温作业	B02 安全帽 B13 防强光、紫外线、红外线护目镜或面罩 B34 隔热阻燃鞋 B56 白帆布类隔热服 B58 热防护服	B57 镀反射膜类隔热服 B71 其他零星防护用品
A12	易燃易爆场所作业	B23 防静电手套 B35 防静电鞋 B52 化学品防护服 B53 阻燃防护服 B54 防静电服 B66 棉布工作服	B05 防尘口罩（防颗粒物呼吸器） B06 防毒面具 B47 防尘服
A13	可燃性粉尘场所作业	B05 防尘口罩（防颗粒物呼吸器） B23 防静电手套 B35 防静电鞋 B54 防静电服 B66 棉布工作服	B47 防尘服 B53 阻燃防护服
A14	高处作业	B02 安全帽 B67 安全带 B68 安全网	B40 防滑鞋
A15	井下作业		
A16	地下作业	B02 安全帽 B05 防尘口罩（防颗粒物呼吸器） B06 防毒面具 B08 自救器 B18 耳塞 B23 防静电手套 B29 防振手套 B32 防水胶靴 B39 防砸鞋（靴） B40 防滑鞋 B44 矿工靴 B48 防水服 B53 阻燃防护服	B19 耳罩 B41 防刺穿鞋
A17	水上作业	B32 防水胶靴 B49 水上作业服 B62 救生衣（圈）	B48 防水服

续表

作　业　类　别		可以使用的防护用品	建议使用的防护用品
编号	类别名称		
A18	潜水作业	B50 潜水服	
A19	吸入性气相毒物作业	B06 防毒面具 B21 防化学品手套 B52 化学品防护服	B69 劳动护肤剂
A20	密闭场所作业	B06 防毒面具（供气或携气） B21 防化学品手套 B52 化学品防护服	B07 空气呼吸器 B69 劳动护肤剂
A21	吸入性气溶胶毒物作业	B01 工作帽 B06 防毒面具 B21 防化学品手套 B52 化学品防护服	B05 防尘口罩（防颗粒物呼吸器） B69 劳动护肤剂
A22	沾染性毒物作业	B01 工作帽 B06 防毒面具 B16 防腐蚀液护目镜 B21 防化学品手套 B52 化学品防护服	B05 防尘口罩（防颗粒物呼吸器） B69 劳动护肤剂
A23	生物性毒物作业	B01 工作帽 B05 防尘口罩（防颗粒物呼吸器） B16 防腐蚀液护目镜 B22 防微生物手套 B52 化学品防护服	B69 劳动护肤剂
A24	噪声作业	B18 耳塞	B19 耳罩

呼吸器和护听器的选用见表 3 - 5 - 4。

表 3 - 5 - 4　　　　　　　　　　呼吸器和护听器的选用

危害因素	分　类	要　　求
颗粒物	一般粉尘，如煤尘、水泥尘、木粉尘、云母尘、滑石尘及其他粉尘	过滤效率至少满足《呼吸防护　自吸过滤式防颗粒物呼吸器》（GB 2626—2019）规定的 KN90 级别的防颗粒物呼吸器
	石棉	可更换式防颗粒物半面罩或全面罩，过滤效率至少满足 GB 2626—2019 规定的 KN95 级别的防颗粒物呼吸器
	矽尘、金属粉尘（如铅尘、镉尘）、砷尘、烟（如焊接烟、铸造烟）	过滤效率至少满足 GB 2626—2019 规定的 KN95 级别的防颗粒物呼吸器
	放射性颗粒物	过滤效率至少满足 GB 2626—2019 规定的 KN100 级别的防颗粒物呼吸器
	致癌性油性颗粒物（如焦炉烟、沥青烟等）	过滤效率至少满足 GB 2626—2019 规定的 KP95 级别的防颗粒物呼吸器

续表

危害因素	分　类	要　求
化学物质	窒息气体	隔绝式正压呼吸器
	无机气体、有机蒸气	防毒面具面罩类型： 工作场所毒物浓度超标不大于 10 倍，使用送风或自吸过滤半面罩；工作场所毒物浓度超标不大于 100 倍，使用送风或自吸过滤全面罩；工作场所毒物浓度超标大于 100 倍，使用隔绝式或送风过滤式全面罩
	酸、碱性溶液、蒸气	防酸碱面罩、防酸碱手套、防酸碱服、防酸碱鞋
噪声	劳动者暴露于工作场所 80dB≤$L_{EX,8h}$<85dB 的	用人单位应根据劳动者需求为其配备适用的护听器
	劳动者暴露于工作场所 $L_{EX,8h}$≥85dB 的	用人单位应为劳动者配备适用的护听器，并指导劳动者正确佩戴和使用。劳动者暴露于工作场所 $L_{EX,8h}$ 为 85～95dB 的应选用护听器 SNR 为 17～34dB 的耳塞或耳罩；劳动者暴露于工作场所 $L_{EX,8h}$≥95dB 的应选用护听器 SNR≥34dB 的耳塞、耳罩或者同时佩戴耳塞和耳罩，耳塞和耳罩组合使用时的声衰减值，可按二者中较高的声衰减值增加 5dB 估算

第四章

分项工程安全防护

第一节　土石方开挖、砌筑、灌浆工程安全防护设施建设

一、重要规程

（1）作业区应有足够的设备运行场地和施工人员通道。

（2）悬崖、陡坡、陡坎边缘应有防护围栏或明显警告标志。

（3）施工机械设备颜色鲜明，灯光、制动、作业信号、警示装置齐全可靠。

（4）凿岩钻孔宜采用湿式作业，若采用干式作业必须有捕尘装置。

（5）供钻孔用的脚手架，必须设置牢固的栏杆，开钻部位的脚手板必须铺满绑牢，架子结构应符合有关规定。

（6）在高边坡、滑坡体、基坑、深槽及重要建筑物附近开挖，应有相应可靠的防止坍塌的安全防护和监测措施。

（7）在土质疏松或较深的沟、槽、坑、穴作业时应设置可靠的挡土护栏或固壁支撑。

（8）在地、中、高边坡和深基坑开挖作业时要在符合相关规定前提下进行安全施工。

（9）爆破施工应按《爆破安全规程》（GB 6722—2011）规定执行。

（10）土石方填筑机械设备的灯光、制动、信号、警告装置应齐全可靠。

（11）土石方填筑坡面碾压、夯实作业时，应设置边缘警戒线，设备、设施必须锁定牢固，工作装置应有防脱、防断措施。

（12）土石方填筑坡面整坡、砌筑应设置人行通道，双层作业设置遮挡护栏。

（13）房屋墙体砌筑时悬空作业处必须有牢靠的立足处，并设置防护网、栏杆等安全设施，并且悬空作业所用的索具、脚手板、吊篮、吊笼、平台等设备，均应经过技术鉴定或检证方可使用。

（14）挡土墙砌筑应有防止水浸或塌方的措施，设有送料、砂浆的沟槽。

（15）河堤、水坝基础砌筑时，应有足够的排水和防止水浸或塌方的措施。

（16）上下同时交叉作业时，应设有防护围栏、防护墙等安全防护设施并且在夜间施工应有足够的照明。

（17）交叉作业场所，各通道应保持畅通，危险出入口、井口、临边部位应设有警告标志或钢防护设施。

（18）灌浆管路（包括皮管、接头、闸阀等）应确保灌浆压力的要求，且应有足够的安全系数，严防爆管伤人，对于高压灌浆应有专用设备。

（19）化学灌浆应设有专门的各种材料堆放处所，明显处悬挂有"禁止饮食""禁止烟火"等警告标志。

二、土石方开挖、砌筑、灌浆工程安全防护设施

土石方开挖、砌筑、灌浆工程安全防护设施见表 4-1-1。

表 4-1-1　　　　　　　　土石方开挖、砌筑、灌浆工程安全防护设施

工程项目	工程施工	安 全 防 护 措 施
土石方明挖	边坡和深基坑开挖	1. 清除设计边线外 5.00m 范围内的浮石、杂物。 2. 修筑坡顶截水天沟。 3. 坡顶应设置安全防护栏或防护网，防护栏高度不得低于 2.00m，护栏材料宜采用硬杂圆木或竹跳板，圆木直径不得小于 10cm。 4. 坡面每下降一层台阶应进行一次清坡，对不良地质构造应采取有效的防护措施
	超高边坡与特超高边坡开挖	1. 边坡开挖爆破时应做好人员撤离及设备防护工作。 2. 边坡开挖爆破完成 20min 后，由专业炮工进入爆破现场进行爆后检查，存在哑炮及时处理。 3. 在边坡开挖面上设置人行及材料运输专用通道。在每层马道或栈桥外侧设置安全栏杆，并布设防护网以及挡板。安全栏杆高度要达到 2.00m 以上，采用竹夹板或木板将马道外缘或底板封闭。施工平台应专门设置安全防护围栏
	预裂孔施工	在开挖边坡底部进行预裂孔施工时，应用竹夹板或木板做好上下立体防护
	管线布置与排架拆除	1. 边坡各层施工部位移动式管、线应避免交叉布置。 2. 边坡施工排架在搭及拆除前，应详细进行技术交底和安全交底
	爆破施工	1. 工程施工爆破作业周围 300m 区域为危险区域，危险区域内不得有非施工生产设施。对危险区域内的生产设施设备应采取有效的防护措施。 2. 爆破危险区域边界的所有通道应设有明显的提示标志或标牌，标明规定的爆破时间和危险区域的范围。 3. 区域内设有有效的音响和视觉警示装置，使危险区内人员都能清楚地听到和看到警示信号
土石方填筑	水下填筑	1. 截流填筑应设置水流流速监测设施。 2. 向水下填掷石块、石笼的起重设备，必须锁定牢固，人工抛掷应有防止人员坠落的措施和应急施救措施。 3. 作业人员应穿戴救生衣等防护用品
	卸料与夯实作业	1. 自卸汽车向水下抛投块石、石渣时，应与临边保持足够的安全距离，应有专人指挥车辆卸料，夜间卸料时，指挥人员应穿反光衣。 2. 土石方填筑坡面碾压、夯实作业时，应设置边缘警戒线
砌筑工程	房屋墙体砌筑	1. 砌基础时，堆放砖块材料应离开坑边 1m 以上，应设供操作人员上下的梯子。 2. 墙身砌体高度超过地坪 1.2m 以上时，应搭设脚手架，在一层以上或高度超过 4m 时，采用里脚手架必须支搭安全网，采用外脚手架应设护身栏杆和挡脚板
	挡土墙砌筑	1. 距槽帮上口 1m 以内，严禁堆积土方和材料。砌筑 2m 以上深基础，应设有梯或坡道。 2. 应设有通向各作业面的梯道，宽度应满足使用要求并不小于 0.60m，临边设有防护栏杆

续表

工程项目	工程施工	安全防护措施
砌筑工程	堤坝砌筑	1. 应设有通向各作业面的梯道，宽度应满足使用要求并不小于 0.60m，临边设有防护栏杆。 2. 砌筑高度超过 2m 且河堤、水坝上下游面坡度较陡时，若堤、坝外侧无脚手架平台，应挂设安全网或设置安全防护栏杆
	平台设置与加固	1. 脚手架、平台上应设置限载标识。 2. 砌好的山墙，应采取临时性联系杆等有效加固措施
	冬期施工与雨天作业	冬期施工时，应先清除作业面上的冰雪等，才能上架子进行操作。雨天作业，应有防雨措施。不得使用过湿的石头，以避免砂浆流淌
	交叉作业	1. 在同一垂直面内上下交叉作业时，必须设置安全隔板。 2. 人工垂直向上下传递砖块，作业平台宽度应不小于 0.60m。 3. 各作业面通道畅通，上下同时交叉作业时，应设有防护围栏、防护墙等安全防护设施
灌浆工程	钻机平台布置	1. 钻机平台必须平整、坚实牢固，满足最大负荷 1.3～1.5 倍的承载安全系数，钻架脚周边应保证有 50～100cm 的安全距离，临空面必须设置安全栏杆。 2. 需要固定的钻机应至少设有 3 个地锚，抗拔力不应小于钻机额定最大上顶力的 1.5 倍
	机械设备布置	1. 机械设备的安全防护设施必须齐全完好。如传动部位必须有盖板或防护栏等。 2. 钻机、灌浆泵、搅拌机等主要用电施工机械设备应该配备一机一闸，并有漏电保护装置
	现场与平洞布置安排	1. 现场通风、照明良好，水源充足。在平洞或廊道内作业时，安全通道畅通并设置有指示装置。 2. 在平洞或廊道内作业，如地层中存在有害气体、放射性矿物质时，必须采取专门措施并设置监测报警装置。 3. 作业现场废水、废浆排放通道畅通
	斜坡施工	斜坡施工应设有平整、牢固和安全系数不低于 1.3 的工作平台，平台临空面设有钢或混合防护栏杆，斜坡与平台间应设有通道或扶梯，且钻脚周边应有 50～100cm 的安全距离
	化学灌浆施工	1. 设有专门的各种材料堆放处所，明显处悬挂有"禁止饮食""禁止烟火"等警告标志。 2. 施工现场及材料堆放处所严禁火种，并配有消防砂等相应的足量专用消防器材。 3. 配有足够供施工人员佩戴的防护口罩、防护眼镜、防护手套、防护鞋等用具。 4. 应有防止污染环境的措施。现场施工弃浆、废料以及冲洗设备管路的废液都应集中装入专用的弃料桶，并科学妥善地处理，不得任意抛洒或丢弃不管，污染环境
	高喷灌浆施工	高喷灌浆作业如在地面试验管路及喷嘴通畅情况时，必须有可靠的防护设施

第二节　工地运输安全防护设施建设

一、重要规程

(一) 道路运输

(1) 道路纵坡度不宜大于 8%，个别短距离地段最大不得超过 15%；道路回头曲线最小半径不得小于 15m；路面宽度不得小于施工车辆宽度的 1.5 倍，双车道路面宽度不宜窄于 7.00m，单车道路面宽度不宜窄于 4.00m，单车道设有会车位置。

(2) 弃渣下料临边应设置高度不低于 0.30m，厚度不小于 0.60m 的石渣作为车挡。料口下料临边应设置混凝土车挡。

(3) 油罐车等特种车辆按国家规定配备安全设施，并涂有明显颜色标志。

(4) 冰雪天气运输应配备有防滑链条、三角木等防滑器材。

(5) 水泥罐车密封良好，不得泄漏。

(6) 工程车外观颜色鲜明醒目、整洁。

(7) 车辆在施工区域行驶时，时速不得超过 15km，洞内时速不超过 8km，在会车、弯道、险坡段时速不得超过 5km。

(二) 轨道机车

(1) 路面不积水、积渣，坡度应小于 3%。

(2) 机车轨道与现场公路、人行通道等的交叉路口应设置明显的警告标志或设专人值班监护。

(3) 机车隧洞高度不低于机车以及装运货物设施高度的 1.2 倍，宽度不小于车体以及货物设施最大宽度加 1.20m。

(4) 设有专用的机车检修轨道。

(三) 皮带栈桥供料线

(1) 凡在供料线上、下方作业的施工单位，在开展安全基础活动时，应将落石伤人作为主要危险源予以控制。

(2) 供料线废料及护网的清理，应在指定时间、指定地点弃料，不得随意直接向下抛掷。

(3) 因设备原因需临时清理供料线废料时，必须首先通知受影响的相关单位避让，后方可进行、并派安全哨现场监护。

(4) 设备运行时，运行单位必须在布料皮带等易落料部位下方设置专职安全监护人员，及时提醒下方人员、设备避让，严禁滞留。

(四) 垂直运输

(1) 起重机械运行空间内不得有障碍物、电力线路、建筑物和其他设施；空间边缘与建筑物或施工设施或山体的距离应不小于 2.00m。

(2) 设有专用起吊作业照明和运行操作警告灯光音响信号。

(3) 露天工作起重机械的电气设备应装有防雨罩。

(4) 吊钩、行走部分及设备四周应有警告标志和涂有警示色标。

（5）使用桅杆式起重机、简易起重机械应符合以下要求：

1）按施工技术和设备要求进行设计安装使用。

2）安装地点应能看清起吊重物。

3）设有高度限制器或限位开关。

4）固定桅杆的缆风绳不得少于4根。

5）卷扬机应搭设操作棚。

（五）起重机运输

大型起重机械的拆除应符合以下规定：

（1）严格按照大型起重机械拆除方案规定的作业程序施工。

（2）设有防止在拆除过程中行走机构滑移的锁定装置。

（3）在高处空中拆除结构件时，应架设工作平台。

（4）配有足够安全绳、安全网等防护用品。

二、工地运输各个施工环节的安全防护措施

工地运输各个施工环节的安全防护措施见表4-2-1。

表4-2-1　　　　　　　　工地运输各个施工环节的安全防护措施

工地运输类型	设备安装施工环节	安 全 防 护 措 施
水平运输	施工场内汽车运输道路	1. 在急弯、陡坡等危险路段右侧应设有相应警告标志，岔路、施工生产场所设有指路标志。 2. 高边坡路临空边缘应设有安全墩挡墙及反光警告标志
	道路上的机动车辆	1. 自卸车在陡坎处向下卸料时，应设置牢固的挡车装置，同时应设专人指挥，夜间设红灯。 2. 自卸车车厢升举时，在车辆下作检修维护工作，应使用有效的撑杆将车厢顶稳，并在车辆前后轮胎处垫好卡木
	轨道机车的道路	1. 机车轨道的端部应设有钢轨车挡，其高度不低于机车轮的半径，并设有红色警告信号灯。 2. 机车轨道的外侧应设宽度不小于0.60m的人行通道，人行通道为高处通道时，临空边应设置防护栏杆
	皮带栈桥供料线运输	1. 皮带栈桥供料线必须挂设符合要求的护网。 2. 供料线下方及布料皮带覆盖范围内的主要人行通道，上部必须搭设牢固的防护棚，转梯顶部设置必要防护
垂直运输	起重机械设备移动轨道	1. 距轨道终端3.00m处应设置高度不小于行车轮半径的极限位移阻挡装置，设置警告标志。 2. 轨道的外侧应设置宽度不小于0.50m的走道，走道平整满铺。当走道为高处通道时，应设置防护栏杆。 3. 轨道外侧应设置排水沟
	起重机械安装运行	起重机械应配备荷载、变幅等指示装置和荷载、力矩、高度、行程等限位、限制及连锁装置

续表

工地运输类型	设备安装施工环节	安 全 防 护 措 施
垂直运输	门式、塔式、桥式起重机械安装运行	1. 设有距轨道面不高于10mm的扫轨板。 2. 轨道及机上任何一点的接地电阻应不大于4Ω。 3. 露天布置时,应有可靠的避雷装置,避雷接地电阻应不大于30Ω。 4. 桥式起重机供电滑线应有鲜明的对比颜色和警示标志。扶梯、走道与滑线间和大车滑线端的端梁下应设有符合要求的防护板或防护网。 5. 多层布置的桥式起重机,其下层起重机的滑线应沿全长设有防护板。 6. 门、塔起重机应有可靠的电缆自动卷线装置。 7. 门、塔式起重机最高点及臂端应装有红色障碍指示灯和警告标志。
	桅杆式起重机、简易起重机械安装运行	1. 制动装置可靠且设有排绳器。 2. 开关箱除应设置过负荷、短路、漏电保护装置外,还应设置隔断开关。 3. 吊篮与平台的连接处应设有宽度不小于0.50m的走道,边缘设有扶手和栏杆
缆机运输	缆机主副塔架、行走机构	边缘与山体边坡之间的距离应不小于1.50m,不稳定的边坡应有浆砌石或混凝土挡墙或喷锚支护等护体
	缆机工作平台开挖后的边坡	1. 应设置排水沟,并选择浆砌石、混凝土挡墙、喷锚支护等方式进行防护。 2. 轨道栈桥混凝土平台边缘临空高度大于2.00m时,轨道的外侧应有宽度不小于1.00m的走道,临空面设有防护栏杆
	缆机安装运行	1. 设有从地面通向缆机各机械电气室、检修小车和控制操作室等处所的通道、楼梯或扶梯。所有转动和传动外露部位应装设有防护网罩,并涂上安全色。 2. 设有可靠的防风夹轨器和扫轨板。 3. 主副塔的最高点、吊钩等部位应设有红色信号指示灯或警告标志。 4. 多台缆机或缆机与门、塔机等平行、立体布置,应制订严密、可靠的防碰撞措施,两机同时抬吊物件时,应指定专人统一指挥
	缆机检修	小车工作平台四周应设有高度不低于1.20m的钢防护栏杆,底部四周有高度不小于0.30m挡脚板,平台底部满铺,不得有孔洞,并备有供检修作业人员使用的安全绳
大型起重机的安装和拆卸	起重机拆除	1. 拆除现场周围应设有安全围栏或用色带隔离,并设置警告标志。 2. 拆除工作范围内的设备及通道上方应设置防护棚。 3. 不稳定的构件应设有缆风钢丝绳

第三节 疏浚吹填与爆破工程安全防护设施建设

一、重要规程

（1）疏浚河道淤泥时,挖泥船舶定位应控制在挖泥断面、疏浚轨迹及挖泥平面基础之上,再对船舶定位进行精度控制。

（2）耙式挖泥船、锚艇等工程船舶要遵守施工区域内航行管理规定,禁止在管理范围之外的区域航行及进行作业。

（3）工程船舶上要配备充足的逃生及消防设备，有专用高频对讲机可以随时与基岸联系，能及时建立完备的应急救援通道。

（4）工程船舶的梯口、应急场所等须设有醒目的安全警示标志和标识，楼梯、走廊通道必须保持畅通。

（5）工程船舶抛锚时，必须要避开水下管道及水下构造物等设施，根据抛锚区的土质、水深及锚重确定合适的抛锚距离，船舶岸边设置地锚及缆绳时需设置警示标志。

（6）工程船舶备用发电机组、空压机、应急水泵等应急设备应处于完好状态，每周须至少检查一次，每次记录检查结果应写入船舶轮机日志。

（7）跨航道进行作业时，一定需报备航政管理部门，得到方可继续进行作业；采用水下潜管铺设排泥管线时，应请求航政有关部门进行水上交通管制。

（8）工程船舶在进行施工前，应进行下列检查：

1）检查船舶各关键部位的紧固情况，对设备运行部位进行润滑处理，保证各机械设备运转灵活。

2）检查各操作杆挡位是否处于空挡状态，按钮是否处于可以启停状态，仪表表针是否处于起始状态。

3）检查锚缆、起重设备的提升缆、拖船的拖缆是否完整，有无破损。

4）检查机械冷却系统、柴油机机油油位、液压油箱油位、蓄电池电量、报警系统等设备是否处于正常状态。

5）检查船舶水管和排泥管线接头是否紧固，排泥设备运行是否正常，排泥孔洞是否堵塞。

6）检查船舱左右舷压载水舱是否能够注入足够的压载水，能够保证吊机旋转时不造成船体过度倾斜。

7）船机设备在进行空车试验时，试运行的时间不应少于 2h，试车期间要保证整船各设备运转正常。

（9）坡面排泥管道需做好固定管道墩，排泥管道应采用陆上组装、分段下水连接或者船舷侧组装的连接方式。

（10）水上构筑物吹填回填土方，应距离围堰有一定的安全距离，以免危险围堰安全；对有防渗要求的围堰，还需在围堰内侧铺设防渗土木布或者采取其他有效的改进措施。

（11）船舶上下通道必须设置安全网，作业平台应铺满脚手架，作业平台周边还必须要有栏杆围护等的临时围护装置。

（12）台风季节应提前选择好避风锚地，保证作业船舶及锚具处于正常工作状态，水上管线须用不小于 $\phi22mm$ 的钢丝绳固定。

（13）水下爆破装药量比陆地爆破装药量增加大约 15%，进行爆破时应根据现场试爆实验，合理调整炸药单耗参数。

（14）为保证码头的结构安全，应采取相关措施将水下爆破产生的地震波和冲击波强度控制在安全范围内，地震烈度定量指标见表 4-3-1。

表 4-3-1 地 震 烈 度 定 量 指 标

烈度	中 国 标 准（CS）		国 际 标 准（MSK）	
	加速度/(cm/s²)	速度/(cm/s)	加速度/(cm/s²)	速度/(cm/s)
Ⅴ	21～45	2～5	12～25	1～2
Ⅵ	45～90	5～10	25～50	2～4
Ⅶ	90～178	10～19	50～100	4～8
Ⅷ	178～354	19～36	100～200	8～16
Ⅸ	354～708	36～72	200～400	16～32
Ⅹ	708～1414	72～141	400～800	32～64

（15）进行水下爆破作业时，必须加强爆破的相关数据监测，做到施工与监测同步，若发现监测数值与规定数值不一致时，应当及时评估及预警，对爆破设计参数进行优化，保证安全。

二、疏浚吹填与爆破工程各施工环节的安全防护措施

疏浚吹填与爆破工程各施工环节的安全防护措施见表 4-3-2。

表 4-3-2 疏浚吹填与爆破工程各施工环节的安全防护措施

	疏浚吹填与爆破工程施工环节	安 全 防 护 措 施
疏浚工程	大风、涌浪、雷电及暴雨等	1. 提前做好相关预案，建立完善的应急救援措施。 2. 提前了解气象信息，制定相关防御政策。 3. 作业中应根据环境要素、现场船舶特点，分析统计各类自然安全风险，采取各类安全措施，降低安全生产风险
	船舶碰撞、搁浅、触损	1. 船舶运行时应遵守区域航行规定，禁止在超过核定航行区域。 2. 各工程船舶要统一联系频道，加强船舶与船舶及项目部的联系
	物体打击、机械伤害	1. 加强设备故障维修管理，完善设备维修模式，优化设备安全管理对策。 2. 船舶上要配备完善的应急设备，并定期进行设备检查维护。 3. 挖泥船作业时，船的纵横角不得超过允许值或超载、偏载
	火灾、触电	1. 定期查看船舶现场各项消防安全设备，防火标识显目，各类灭火器材配备齐全。 2. 消防通道畅通无阻，逃生通道标识醒目。 3. 规范移动电具放置位置，规范线路铺设路径，设置安全护栏及接地装置
吹填工程	围堰漏泥	1. 在围堰区域铺设土工布，堵塞缝隙及漏口。 2. 吹填管线宜顺堤布置，必要时敷设吹填支管，围堰外围开截流槽。 3. 吹填回填土方时，及时观察对水中构筑物影响，提前制定各种有效改善处理措施
	船舶碰撞	1. 设置船舶作业引向灯，施工区域设置浮标灯光。 2. 在航政管理门规划范围内作业，按照规定通报船位、船舶动向
	环境破坏	1. 船舶配备垃圾分类箱，将生活垃圾与施工垃圾分类。 2. 船舶配备生活污水储存箱和污水处理装置
	落实安全措施	1. 制定船舶突发事件应急处理措施，进行安全排练。 2. 落实安全生产监督责任，积极与政府有关部门进行安全生产联络。 3. 船舶持有合法有效运营证书，作业时按规定显示灯号、灯亮

续表

疏浚吹填与爆破工程施工环节		安 全 防 护 措 施
爆破工程	爆破震动	1. 进行爆破模拟，对爆破进行精细设计，精确控制爆破炸弹用量。 2. 对爆破土质进行分析，测评爆破需要的精确控制范围。 3. 设置减震孔，减少爆破震动带来的次要破坏
	有毒气体	1. 建立有害气体自动检测、报警系统。 2. 组织爆破现场调查，对爆破地区地质进行专家复查分析。 3. 采用物探法、钻探法等方法提前探明爆破区域气体富集情况
	空气冲击	1. 根据试爆模拟，推算空气冲击波超压值，划定安全半径，设置安全围栏。 2. 爆破时采用预裂爆破技术
	飞石控制	1. 采取反向或填充起爆方式，减少爆炸飞石产生的数量与可能性。 2. 选择正确的爆破参数，合理布置爆破孔洞位置。 3. 确定正确的起爆顺序，选择合理的起爆器材。 4. 设计合理的抵抗线方向，控制好爆炸料当量

第四节　机电设备安装与调试安装安全防护设施建设

一、重要规程

（1）机组安装现场应设足够的固定和移动式照明，埋件安装、机坑、廊道和蜗壳内作业应采用安全电压照明，并备有应急灯。

（2）机组安装现场对预留进人孔、排水孔、吊物孔、放空阀、排水阀、预留管道口等孔洞应加防护栏杆或盖板封闭。

（3）在水轮机室、蜗壳内等密闭场所进行焊接和打磨作业时应配备通风、除尘设施。

（4）转子铁片堆积时，铁片堆放应整齐、稳固并留有安全通道，转子外围应搭设宽度不小于 1.20m 的安全工作平台，转子支架上平台之间必须铺满木板或钢板，并设置上下转子的钢梯或木梯。

（5）上机架吊入基坑后，应设置中心大轴至发电机层平面、转子上平面至发电机层平面的安全通道和防护栏杆。

（6）辅机管道安装高度超过 2m 时，应搭设符合牢固的脚手架或作业平台，并设置上下爬梯。当采用移动式脚手架施工时，应注意采取防倾倒措施。

（7）在厂内油系统安装管道配置、防腐作业时，现场配备足够数量和相应类型的灭火器，管路回装高度超过 2m 时，应搭设脚手架或作业平台，设置护栏和警示标志。

（8）与安装机组相邻的待安装机组周围必须设安全防护栏杆，并悬挂警告标志。

（9）运行机组与安装机组之间应采用围栏隔离，并悬挂警告标志。

（10）电气设备安装应符合下列规定：

1）施工现场的孔洞、电缆沟应装有嵌入式盖板。

2）吊物孔周围应设有防护栏杆和地脚挡板。

3）地下厂房、电缆夹层、竖井、洞室作业，安装时应配备足够的照明。

4）高处、竖井作业部位搭设操作平台和脚手架，并设有安全防护栏杆、爬梯、安全绳、安全带、安全网等。

5）上下层交叉作业时，应设置保护平台和安全网。

6）施工临时用电部位，应设带有漏电保护器的低压配电箱。

（11）在 2m 以上敷设电缆应搭设作业平台，脚手架跳板应满铺，作业人员不得以管道、设备等作为敷设通道。

（12）高层构架上的爬梯应焊接成整体，不得虚架，并设走道板和防护栏杆等。

（13）在带电高压设备附近作业，应有预防感应电击人的防护措施。

（14）蓄电池安装，蓄电池室应设有通风设施，并配有适量相应的灭火器材。

（15）水轮发电机组整个运行区域与施工区域之间必须设安全隔离围栏，在围栏入口处应设专人看守，并挂"非运行人员免进"的标志牌，在高压带电设备上均应挂"高压危险""请勿合闸"等标志牌。

二、机电设备安装与调试安装各个施工环节的安全防护措施

机电设备安装与调试安装各个施工环节的安全防护措施见表 4-4-1。

表 4-4-1　　　　机电设备安装与调试安装各个施工环节的安全防护措施

机电安装阶段	设备安装施工环节	安全防护措施
电站主机设备安装	尾水管、肘管、座环、机坑里衬安装	1. 机坑内应搭设脚手架和安全工作钢平台，平台基础应稳固，并满足承载力要求。 2. 固定导叶之间应采取安全绳、安全网等防护措施
	蜗壳安装	1. 蜗壳高度超过 2m 时，内外均应搭设脚手架和工作平台，并应铺设安全通道和护栏。 2. 蜗壳外围应设置安全网
	尾水管、蜗壳内无损检测	必须设立警戒区域和醒目标识，并搭设脚手架
	水导轴承及主轴密封系统安装、主轴补气系统安装	1. 应设置清扫区域和隔离带。 2. 配备足量灭火器。 3. 设置安全通道，配置安全网和栏杆
	焊接分瓣转轮、定子干燥、转子磁极干燥（专用临时棚内）	周围应设安全护栏和防静电、防磁等警告标志，并配有专门的消防设施
	机坑外组装上下机架、转子叠片	高度超过 2m 时，上平面四周必须设安全防护栏杆，并设置满足规范要求的上下钢梯或木梯
	发电机下部风洞盖板、机架及风闸基础埋设	应搭设与水轮机室隔离封闭的钢平台，其承载力必须满足安全作业要求
	机坑内进行定子组装、铁芯叠装和定子下线作业	1. 应搭设牢固的脚手架、安全工作平台和爬梯。 2. 临空面必须设防护栏杆并悬挂安全网，定子上端与发电机层平面应设安全通道和护栏。 3. 定子顶端外圈与机坑之间必须敷设安全网
	发电机大轴在机坑外组装拼接	应搭设安全作业平台，并设置符合要求的上下爬梯。大轴连接面与吊物孔之间应满铺木板或钢板
	定子线棒环氧浇灌、定子、转子喷漆以及机组内部喷（刷）漆	应配备消防、通风、防毒设施，周围应设围栏和警告标志

续表

机电安装阶段	设备安装施工环节	安 全 防 护 措 施
电气设备安装	主变压器安装	1. 滤油现场设置保护网门和安全防护栏杆，配置干粉手提式和小车式灭火器。 2. 滤油现场悬挂"油库重地，严禁烟火"警示牌。 3. 事故油池装有盖板。 4. 主变如果在洞内，油库内应配置防爆灯。 5. 现场应设有通风及消防装置。 6. 主变在厂房内进行顶升作业，在底部安装调整运输轮时，应在变压器底部设置保护支墩。 7. 进入变压器内部作业时，应配置 12V 安全行灯和测氧仪
	GIS 安装	1. GIS 室应配置通风设备。 2. GIS 安装前，应搭设有作业平台和脚手架，平台周围应设有防护栏杆和地脚挡板，并有爬梯。 3. GIS 安装时，应有 SF$_6$ 气体回收装置和漏气监测装置
	发电机电压设备安装	1. 进入封闭母线内部安装、清洁作业时，应配置 12V 安全行灯和防护口罩。 2. 母线焊接场地应设有通风设施，并配有足够的防护口罩等个体防护用品。 3. 母线吊装时，应在底层平面设置一定安全范围的安全防护栏杆，并悬挂警示标志，无关人员不得靠近。 4. 焊缝打磨时，作业人员应佩戴护目镜、防护口罩
	高压试验	现场应设围栏，拉安全绳，并悬挂警告标志。高压试验设备外壳应接地良好（含试验仪器），接地电阻不得大于 4Ω

第五章
水利水电工程文明标化工地建设

　　水利水电工程施工安全关系工程建设的方方面面，包括生命安全、工程安全、资金安全、干部安全、生产安全，提倡和实现文明施工非常重要。防护设施遍布施工现场各个场所，涉及施工现场所有人员，是文明施工建设的重要内容。中华人民共和国住房和城乡建设部2011年12月7日发布、2012年7月1日实施的《建筑施工安全检查标准》（JGJ 59—2011）虽然是为房屋建筑工程施工现场安全生产制定的行业标准，但对于比房屋建筑工程施工更为复杂的水利水电工程施工也有借鉴价值。

　　此标准明确："文明施工检查评定保证项目应包括：现场围挡、封闭管理、施工场地、材料管理、现场办公与住宿、现场防火。一般项目应包括：综合治理、公示标牌、生活设施、社区服务。"

一、在安全管理方面，对"安全标志"的要求

　　（1）施工现场入口处及主要施工区域、危险部位应设置相应的安全警示标志牌。

　　（2）施工现场应绘制安全标志布置图。

　　（3）应根据工程部位和现场设施的变化，调整安全标志牌设置。

　　（4）施工现场应设置重大危险源公示牌。

二、要求文明施工保证项目的检查评定应符合下列规定

　　1. 现场围挡

　　（1）市区主要路段的工地应设置高度不小于2.5m的封闭围挡。

　　（2）一般路段的工地应设置高度不小于1.8m的封闭围挡。

　　（3）围挡应坚固、稳定、整洁、美观。

　　2. 封闭管理

　　（1）施工现场进出口应设置大门，并应设置门卫值班室。

　　（2）应建立门卫职守管理制度，并应配备门卫职守人员。

　　（3）施工人员进入施工现场应佩戴工作卡。

　　（4）施工现场出入口应标有企业名称或标识，并应设置车辆冲洗设施。

　　3. 施工场地

　　（1）施工现场的主要道路及材料加工区地面应进行硬化处理。

（2）施工现场道路应畅通，路面应平整坚实。

（3）施工现场应有防止扬尘措施。

（4）施工现场应设置排水设施，且排水通畅无积水。

（5）施工现场应有防止泥浆、污水、废水污染环境的措施。

（6）施工现场应设置专门的吸烟处，严禁随意吸烟。

（7）温暖季节应有绿化布置。

4．材料管理

（1）建筑材料、构件、料具应按总平面布局进行码放。

（2）材料应码放整齐，并应标明名称、规格等。

（3）施工现场材料码放应采取防火、防锈蚀、防雨等措施。

（4）建筑物内施工垃圾的清运，应采用器具或管道运输，严禁随意抛掷。

（5）易燃易爆物品应分类储藏在专用库房内，并应制定防火措施。

5．现场办公与住宿

（1）施工作业、材料存放区与办公、生活区应划分清晰，并应采取相应的隔离措施。

（2）在施工程、伙房、库房不得兼做宿舍。

（3）宿舍、办公用房的防火等级应符合规范要求。

（4）宿舍应设置可开启式窗户，床铺不得超过2层，通道宽度不应小于0.9m。

（5）宿舍内住宿人员人均面积不应小于2.5m²，且不得超过16人。

（6）冬季宿舍内应有采暖和防一氧化碳中毒措施。

（7）夏季宿舍内应有防暑降温和防蚊蝇措施。

（8）生活用品应摆放整齐，环境卫生应良好。

6．现场防火

（1）施工现场应建立消防安全管理制度、制定消防措施。

（2）施工现场临时用房和作业场所的防火设计应符合规范要求。

（3）施工现场应设置消防通道、消防水源，并应符合规范要求。

（4）施工现场灭火器材应保证可靠有效，布局配置应符合规范要求。

（5）明火作业应履行动火审批手续，配备动火监护人员。

三、要求文明施工一般项目的检查评定应符合下列规定

1．综合治理

（1）生活区内应设置供作业人员学习和娱乐的场所。

（2）施工现场应建立治安保卫制度，责任分解落实到人。

（3）施工现场应制定治安防范措施。

2．公示标牌

（1）大门口处应设置公示标牌，主要内容应包括：工程概况牌、消防保卫牌、安全生产牌、文明施工牌、管理人员名单及监督电话牌、施工现场总平面图。

（2）标牌应规范、整齐、统一。

（3）施工现场应有安全标语。

（4）应有宣传栏、读报栏、黑板报。

3．生活设施

（1）应建立卫生责任制度并落实到人。

（2）食堂与厕所、垃圾站、有毒有害场所等污染源的距离应符合规范要求。

（3）食堂必须有卫生许可证，炊事人员必须持身体健康证上岗。

（4）食堂使用的燃气罐应单独设置存放间，存放间应通风良好，并严禁存放其他物品。

（5）食堂的卫生环境应良好，且应配备必要的排风、冷藏、消毒、防鼠、防蚊蝇等设施。

（6）厕所内的设施数量和布局应符合规范要求。

（7）厕所必须符合卫生要求。

（8）必须保证现场人员卫生饮水。

（9）应设置淋浴室，且能满足现场人员需求。

（10）生活垃圾应装入密闭式容器内，并应及时清理。

4．社区服务

（1）夜间施工前，必须经批准后方可进行施工。

（2）施工现场严禁焚烧各类废弃物。

（3）施工现场应制定防粉尘、防噪声、防光污染等措施。

（4）应制定施工不扰民措施。

2020年4月，浙江省水利厅决定开展水利建设工程文明标化工地创建工作，以此"深化水利建设工程质量安全风险管控、改善水利施工环境、规范建设行为、保障工程质量安全、提升行业形象"，水利建设工程文明标化工地创建工作将施工安全防护设施标准化建设上升到新高度、提高到新境界。2022年浙江省水利厅还印发《浙江省水利建设工程文明标化工地创建指导手册（2022年）》的内容安徽、上海等省（市）也开展了水利工程安全防护文明施工建设。他们所采取的措施等值得学习、借鉴和推广。

第一节　总　体　要　求

（1）水利建设工程文明标化工地创建的主要内容。

1）施工生产区标准化。施工生产区应布局合理、紧凑，因地制宜做好封闭施工、绿色施工、文明施工、安全施工，确保施工场地干净整洁、规范有序。

2）办公区标准化。办公区应集中布置、方便管理，因地制宜做好封闭管理、规范管理，确保办公区配套齐全、整洁美观。

3）生活区标准化。生活区应统一规划、设施齐全，满足现场人员学习、生活需要，因地制宜做好封闭管理，确保生活区美观大方、干净舒适。

4）行为规范标准化。现场各参建人员应遵守工地纪律，规范作业，穿戴防护设施，保持干净整洁，行为举止文明礼貌，充分展现水利人良好形象。

5）建设管理数字化。因地制宜推进"工程带数字化"行动，充分利用视频监控、智能控制、BIM技术、信息化管理平台等先进技术手段，提升建设管理水平。

（2）水利水电建设工程标化工地创建的主要依据。水利水电建设工程标化工地创建方案应遵循《水利水电工程施工安全防护设施技术规范》（SL 714—2015）、《水利水电工程施工通用安全技术规程》（SL 398—2007）、《水利水电工程施工安全管理导则》（SL 721—2015）以及其他水利工程施工相关安全管理规范编制。

（3）标准化设施应质量合格、安全可靠，符合节地、节水、节材、环保及消防的要求，鼓励使用可周转、生态环保的材料、设施及设备；办公区、生活区选址应安全合理，防洪排涝条件较好。

（4）因地制宜推进工程数字化建设，提升信息化智能化水平。

（5）现场应做好地面硬化及排水，保持干净整洁，面貌良好。

（6）各类临时房屋搭设应美观、牢固可靠，满足消防、防风、防雨等要求。

安徽、上海等省（市）就水利工程安全防护文明施工措施、水利工程安全防护环境保护措施、水利工程现场办公生活（临时）设施安全防护措施、水利工程作业安全防护措施制定了项目清单（分别见表5-1-1～表5-1-4），不仅罗列了安全防护措施的项目，而且提出了各个项目的具体要求，可供参考借鉴。

表 5-1-1　　　　　　　　水利工程安全防护文明施工措施项目清单

序号	项目名称	具　体　要　求
1	安全警告标志牌	在易发伤亡事故（或危险）处设置明显的、符合国家标准要求的安全警示标志牌及危险源告知牌
2	现场围挡	1. 市中心城区主要地段的建筑施工现场应采用封闭围挡，围挡高度不得低于2.5m；其他地区应采用隔离设施，其他地区如要求采用围挡的，则围挡高度不得低于2m； 2. 建筑工程应根据工程特点、规模、施工周期和区域文化设置与周边建筑艺术风格相协调的实体围挡； 3. 围挡材料可采用彩色、定型钢板，砌体等墙体； 4. 施工现场出入口应当设置大门，宽度不得大于6m，严禁敞口施工
3	各类图牌	施工现场或项目部显著位置须悬挂工程概况、管理人员名单及监督电话牌、安全生产管理目标牌、安全生产隐患公示牌文明施工承诺公示牌、消防保卫牌、建筑业务工人员维权告示牌；施工现场总平面图、文明施工管理网络图、劳动保护管理网络图
4	企业标志	1. 施工现场或项目部应设企业标识； 2. 生活区宜有适时黑板报或阅报栏； 3. 宣传横幅应适时醒目
5	场容场貌	1. 场区道路应平整畅通，不得堆放建筑材料等； 2. 办公及生活区域地面应硬化处理，主干道应适时洒水防止扬尘，路面应保持整洁； 3. 食堂宜设置隔油池，并应及时清理； 4. 厕所的化粪池应做抗渗处理； 5. 现场进出口处宜设置车辆冲洗设备； 6. 施工现场或项目部大门处应设置警卫室，出入人员应当进行登记；施工人员应当按劳动保护要求统一着装，佩戴安全帽和表明身份的胸卡

序号	项目名称	具　体　要　求
6	材料堆放	1. 材料、构件、料具等堆放处，须悬挂有名称、品种、规格等标牌； 2. 易燃、易爆和有毒有害物品分类存放
7	现场防火	1. 施工现场应当设有消防通道，宽度不得小于3.5m； 2. 在建工程内设置办公场所和临时宿舍的，应当与施工作业区之间采取有效的防火隔离，并设置安全疏散通道，配备应急照明等消防设施； 3. 临时搭建的建筑物区域内应当按规定配备消防器材；临时搭建的办公、住宿场所每100m²配备两具灭火级别不小于3A的灭火器；临时油漆间、易燃易爆危险物品仓库等30m²应配备两具灭火级别不小于4B的灭火器
8	垃圾清运	1. 施工垃圾、生活垃圾应分类存放； 2. 施工垃圾必须采用相应容器运输

表 5－1－2　　　　　　　　**水利工程安全防护环境保护措施项目清单**

序号	项目名称	具　体　要　求
1	粉尘控制	1. 道路应防止扬尘，清扫路面时应先洒水后清扫； 2. 裸露的场地和集中堆放的土方应采取有效的降尘措施； 3. 施工现场水泥土等搅拌场所应采取封闭、降尘措施； 4. 水泥和其他易飞扬细颗粒建筑材料应密闭存放或采取覆盖等措施
2	噪声控制	施工现场噪声应控制在有关规定允许范围内
3	有毒有害 气体控制	应有相应安全防护措施
4	污染物控制	1. 作业船舶须备有船舶油污水、生活垃圾及粪便储存容器严格遵守有关规定，做好日常收集、分类储存； 2. 定期回收作业船舶的各类固态和液态废弃物，运送到指定部门集中处理； 3. 及时回收工程各类废弃物，运送到指定地点处理； 4. 水上作业应配备适量的化学消油剂、吸油剂等物资旦发生事故，应立即采取措施，缩小污染范围
5	危险物品管理	设置相应的通风、防火、防爆、防毒、监测、报警、降湿、避雷、防静电、隔离操作等安全设施

表 5－1－3　　　　**水利工程现场办公生活（临时）设施安全防护措施项目清单**

序号	项目名称	具　体　要　求
1	办公生活区	1. 施工现场应设置办公室、宿舍、食堂、厕所、淋浴间、开水房、文体活动室、垃圾站及盥洗设施等临时设施；临时设施所用建筑材料应符合环保、消防要求；办公（生活）设施应定期保养维护； 2. 工地内设置办公（生活）区的，应用分隔围挡与施工作业区明显分隔；分隔围挡可采用板材、栏栅、网板等坚固美观材料；围挡高度不应小于1.8m； 3. 施工现场办公（生活）区临时设施宜使用符合规范要求的箱式钢结构临时房；当采用金属夹芯板时，其芯材燃烧性能等级应为A级； 4. 室内净高不应小于2.7m，重点区域内人均居住面积5m²，一般区域人均居住面积不应小于4m²，宿舍内应设置生活用品专柜； 5. 生活区内应提供为作业人员晾晒衣物的场地；

续表

序号	项目名称	具　体　要　求
1	办公生活区	6. 进场人员应进行实名制登记，证件、证书真实齐全；宜运用互联网加技术，组织进行安全教育、作业考勤、工资发放等；宜设置门禁人脸识别装置； 7. 有条件的工地宜设置人脸识别系统； 8. 施工单位和项目部应在施工现场实施信息化、智能化管理； 9. 生产、生活及食堂严格区分，严禁三合一现象
2	食堂	1. 食堂应设有食品原料储存、原料初加工、烹饪加工、备餐（分装、出售）、餐具、公用具清洗消毒等相对独立的专用场地，其中备餐间应单独设立；应设置蔬菜、水产、禽肉、餐用具四类清洗池，另设一个工具清洗池； 2. 食堂墙壁（含天花板）围护结构的建筑材料表面平整无裂缝，应有 1.5m 以上（烹饪间、备餐间应到顶）的瓷砖或其他可清洗的材料制成的墙裙； 3. 食品原料储存区域（间）应保持干燥、通风，食品储存应分类分架、隔墙离地（至少0.15m）存放，冰（冷库）内温度应符合食品存储卫生要求； 4. 原料初加工场地地面应由防水、防滑、无毒、易清洗的材料建造，具有 1%～2% 的坡度；水池应采用耐腐蚀、耐磨损易清洗的无毒材料制成； 5. 烹调场所地面应铺设防滑地砖，墙壁应铺设瓷砖，炉灶上方应安装有效的脱牌油烟机和排气罩，设有烹饪时放置生食品（包括配料）、熟制品的操作台或者货架； 6. 备餐间应设有二次更衣设施、备餐台，并安装纱门、纱窗；能开合的食品传递窗及清洗消毒设施，并配备紫外线灭菌灯等空气消毒设施。220V 紫外线灯安装应距地面不低于25m；备餐间排水不得为明沟；备餐台宜采用不锈钢材质制成； 7. 提供餐饮具的食堂，还应根据需要配备足够的餐饮具清洗消毒保洁设施； 8. 食堂应配备必要的排风设施和冷藏设施； 9. 食堂外应设置密闭式泔水桶，应及时清运； 10. 炊事人员上岗应穿戴洁净的工作服、工作帽和口罩，应保持个人卫生； 11. 食堂灶具及所用燃气应符合国家强制性标准，食堂的炊具、餐具和公用饮水器必须清洗消毒，饮用水必须符合饮用标准
3	宿舍	1. 宿舍内应保证有必要的生活空间，室内净高不得小于 2.4m，通道宽度不得小于 0.9m，每间宿舍居住人员不得超过 16 人； 2. 宿舍内应设置生活用品专柜，生活区内应提供为作业人员晾晒衣物的场地
4	饮水设施	应设置非承压式开水炉、电热水或饮用水保温桶；施工区应配备流动保温水桶
5	浴室	淋浴间内应设置满足需要的淋浴喷头，可设置储衣柜或挂衣架
6	文体活动室	文体活动室应配备电视机、书报、杂志等文体活动设施用品
7	厕所	1. 施工现场应设置水冲式或移动式厕所，厕所地面应硬化门窗应齐全；蹲位之间宜设置隔板，隔板高度不宜低于 0.9m； 2. 厕所大小应根据作业人员的数量设置厕所应设专人负责清扫、消毒、化粪池应及时清掏； 3. 应设置满足作业人员使用的盥洗池，并宜使用节水龙头
8	医疗卫生	1. 应配备常用药品及急救用具； 2. 应设专职或兼职保洁员，负责卫生清扫和保洁； 3. 应采取灭鼠、蚊、蝇、蟑螂等措施，并应定期投放和喷洒药物

序号	项目名称	具　体　要　求
9	临时用电	配电线路： 1. 须按照 TIN－S 系统配备电缆； 2. 应按要求架设临时用电线路的电杆、横担、瓷夹、瓷瓶等，或电缆埋地地沟； 3. 对靠近施工现场的外电线路，须设置木质、塑料等绝缘体的防护设施。 配电箱、开关箱： 1. 按三级配电要求，配备总配电箱、分配电箱、开关箱三类标准电相，开关相应符合一机、一箱、一闸、一漏； 2. 按二级保护要求，应选取符合容量要求和质量合格的漏电保护器； 接地保护装置：施工现场保护零线的重复接地应不少于 3 处，并应按规范操作
10	临时给排水	1. 供水管线：供水材料应是合格产品，并应有避免二次污染的措施；居住点需设立积水塔或集水箱的，应由供水车定期供水； 2. 排水管、沟： （1）施工现场应设置排水沟及沉淀池； （2）施工污水应经二级沉淀后方可排入市政污水管网或河流
11	其他	促淤圈围工程现场的进出入口，应设置岗亭、减速带（或阻车墩）等交通安全设施

表 5－1－4　　　　　　　　　　**水利工程作业安全防护措施项目清单**

序号	项目名称	具　体　要　求
1	水上作业防护	1. 水上施工作业区域内按规定设安全警示标志（包括警示灯、警示牌等），同时应落实专人负责； 2. 水上作业平台须设置防护栏杆、安全网等； 3. 水上作业人员应配备救生衣或防护绳等； 4. 作业平台和陆地连接须设置人行通道及防护栏杆； 5. 作业船舶须悬挂该船舶安全生产规定的标志牌； 6. 船舶承载人员应遵守乘船规则，船舶应按规定配足救生消防设施，严格遵守"八不动船规定"； 7. 在施工作业船舶上动火作业必须办理"三级动火审批手续"，同时落实消防措施； 8. 作业船舶使用的起重设备、铺抛设备应标明起重吨位铺抛能力； 9. 冬季施工应有防冻防滑设施
2	保滩圈围作业防护	1. 项目部与海事部门、施工工区、运砂石料船舶联络须配备通信工具； 2. 施工作业区域内应设置安全警示标志（禁止捕鱼、钓鱼游泳等）； 3. 作业现场应搭建应急防护所，防护所应采用硬质材料，并做好防雷措施； 4. 工人赶潮施工或夜间施工休息应设置工人休息棚； 5. 施工作业人员应配备防护眼镜； 6. 水上作业人员应配备救生衣、救生圈
3	汛期作业防护	1. 施工现场须配备足够的防汛抢险物资（如：草袋、铁锹、泥土、挡水板、水泵、车辆等）； 2. 危险物品须集中存放在牢固的房间内并加锁进行封存； 3. 机械设备转移至安全地带并捆绑固定；临时设施应进行抗风加固； 4. 海上作业船舶须落实避风港口；通信设备须配置齐全并保持联系畅通

续表

序号	项目名称	具 体 要 求
4	临边、洞口、交叉、高处作业防护	泵站平台板、水闸工作桥、房屋楼板、屋面、阳台等临边防护：须用密闭式安全立网封闭，作业层另加两边防护栏杆和 0.18m 高的踢脚板；脚手架基础、架体、安全网等应当符合规定； 通道口防护：防护棚应为不小于 0.05m 厚的木板或两道相距 0.5m 的坝两侧应沿栏杆架用安全网封闭；应当采用标准化、定型化防护设施，安全警示标志应当醒目； 预留洞口防护：应用木板全封闭，短边超过 1.5m 长的洞口，除封闭外四周还应设有防护栏杆应当采用标准化、定型化防护设施，安全警示标志应当醒目； 楼梯边防护：应设 1.2m 高的定型化、标准化的防护栏杆，0.18m 高的踢脚板；安全警示标志应醒目； 垂直方向交叉作业防护：应设置防护隔离棚或其他设施； 高空作业防护：须有悬挂安全带的悬索或其他设施、操作平台、上下的梯子或其他形式的通道； 操作平台交叉作业防护： （1）操作平台面积不应超过 10m，高度不应超过 5m； （2）操作平台面满铺竹笆并固定、设置防护栏杆应按国家标准执行，并应布置登高扶梯； （3）悬挂式钢平台两边各设前后两道斜拉杆或钢丝绳，应设置 4 个经过验算的吊环； （4）钢平台左右两侧必须装置固定的防护栏杆
5	安全防护用品	作业人员须具备必要的安全帽、安全带等安全防护用品

第二节　施 工 生 产 区 标 准 化

一、一般规定

（1）施工生产区总体布局因地制宜，做到紧凑合理、节约用地、方便施工。施工生产区布局示意图如图 5-2-1 所示。

（2）大中型工程：水闸、泵站等点状工程应封闭施工；水库工程的拦河坝、电站、隧洞进出口等重点区域应封闭施工；河道整治等线性工程较大交叉建筑物及城镇段应封闭施工。小型工程城镇段以及隧洞进出口等重点部位需封闭施工。

（3）按照绿色施工的要求，应落实扬尘、噪声、水污染等各项控制措施。

（4）各加工、生产区域应划分清晰，并有隔离设施。

（5）完善各项安全防护设施，保证现场施工安全。标识标牌、宣传标语等应设置规范、合理、到位。

（6）场内道路布设合理，并在开工前建成，保持干净整洁，大中型工程重点区域应人车分道。

（7）场内排水设施设置齐全，无明显积水；加工区地面等应硬化，道路应坚实、平整，大中型工程主要道路应硬化。

（8）施工生产区应包括：大门及门卫室、"八牌四图"、围挡、安全讲台及各类防护设施等。

（9）线性工程城区段及较大交叉建筑物处应按照本手册要求创建，其他工区应按现行

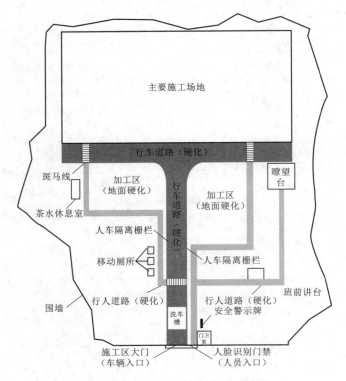

图 5-2-1 施工生产区布局示意图

规范做好现场管理。

二、场区布置

(一) 大门及门卫室

1. 工作内容及时限

施工生产区进出口处设置大门 (图 5-2-2),需封闭管理处应设置门卫室及门禁系统 (图 5-2-3) 等。在施工准备阶段搭设完成。

图 5-2-2 大门实例图

图 5-2-3 门禁系统实例图

2. 工作要求

大门两侧设门柱，门柱尺寸宜为 1.0m×1.0m，底色宜为蓝色，印企业文化标语，字体宜呈白色，大小适宜；大门宜采用钢制大门，大门总宽度宜为 8～10m，高度符合车辆进出需要，门体底色为蓝色，印企业标志；门楣可根据需要设置，门楣高度宜为 1.5m，底色呈蓝色，印"××公司承建××工程××标段"，可根据需要插设宣传旗帜。如图 5-2-4 所示。

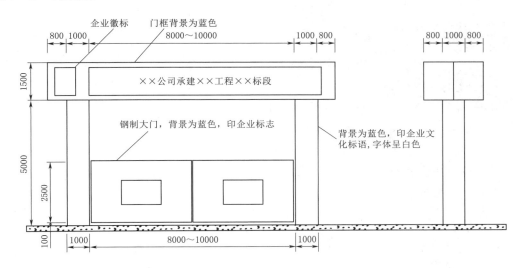

图 5-2-4　工地大门示意图（单位：mm）

（1）大门两侧显眼位置处应设"进入施工现场应佩戴安全帽"等警示标志。

（2）门卫室应安全稳定并与整体临设相协调，尺寸不小于 1.5m×1.5m，整块屋面防水，地面作硬化处理。室内须悬挂门卫管理制度，宜设办公桌椅，并应满足防雨、保温、照明、通信等要求。

（3）门卫室内应设立安全帽存放区，备来访人员使用，并设外来人员入场安全告知。

（4）大门靠门卫室侧，宜设置门禁系统，严防外来闲杂人等进入，有条件的可设置可显示人员进出的电子屏。

（二）八牌四图

1. 工作内容及时限

现场出入口醒目处应设立"八牌四图"（图 5-2-5），包括：工程概况牌、管理人员名单及监督电话牌、消防保卫牌、安全生产牌、文明施工牌、重大危险源公示牌、农民工工资维权公示牌、质量责任公示牌和施工现场平面图、安全生产管理网络图、工程效果图、工程区域位置图。在进场施工前设置完成。

2. 工作要求

（1）"八牌四图"应规格统一、集中布置、牢固、位置合理、字迹端正、线条清晰、表示明确。

（2）标牌宜采用有机板制作，尺寸宜为 2.0m×1.0m，白底。标牌底部距地面高度不低于 0.8m。

（3）标牌架体美观大方，立柱外径宜为 80mm，橱窗大小宜为 2.14m×1.1m，内设蓝色边框，大小可为 7cm×5cm。架体顶端宜设遮雨棚。如图 5-2-6 所示。

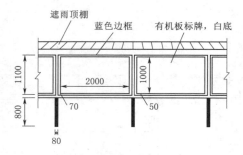

图 5-2-5　"八牌四图"实例图　　　　图 5-2-6　"八牌四图"示意图（单位：mm）

（三）施工生产区围挡

1. 工作内容及时限

围挡采用围墙、隔离栅等，做到封闭施工，应在正式进场施工前完成。

2. 工作要求

（1）当施工生产区处于城区或人流较大的镇区等时，应采用组合式彩（塑）钢板或移动式基础彩钢板进行围挡封闭（图 5-2-7、图 5-2-8）。围挡高度不应低于 2m，其中处于城市主干道等围挡高度不应低于 2.5m。钢板围设根据具体情况可采用长度为 3m/幅或 5m/幅的标准，彩钢板下方可设置 300mm 高砖砌体围挡基座并刷黄黑相间的警示漆。围挡外墙面应布置具有水利特色的标语、图片或社会主义核心价值观公益宣传标语、图片等，地方有特殊要求的可按地方要求设置。围挡顶部应设置喷淋防尘设施。距离交通路口 20m 范围内占据道路施工设置的围挡，其 0.8m 以上部分应采用通透性硬质围挡，并在围挡外侧悬挂交通及施工安全警示牌。围挡应坚固、稳定、整洁、美观，禁止在围挡两侧堆放泥土、砂石等散状材料以及架管、模板等，如有破损及时更换，雨后、大风后应检查围挡的稳定性，发现问题及时处理。

图 5-2-7　组合式彩（塑）钢板围挡实例图（1）　　图 5-2-8　组合式彩（塑）钢板围挡实例图（2）

（2）工程处于城郊、农村等人流较小的区域，可采用隔离栅进行封闭（图 5-2-9）。隔离栅高度不应低于 1.8m，在隔离栅内侧每隔 50m 设置安全宣传警示标语。

（四）场地硬化

1. 工作内容及时限

项目进场后开工前，应对行车道路、人行通道、生产加工区等进行场地硬化。

2. 工作要求

（1）施工行车道路硬化标准：大中型工程应在稳定的土基层上用厚度不低于 20cm

图 5-2-9 隔离栅围挡实例图

混凝土进行硬化。小型水利工程可不硬化，但应坚实、平整。行车道场地硬化实例图如图 5-2-10 所示。

（2）施工人员通道硬化标准：大中型工程可采用混凝土硬化，亦可铺设广场砖。小型工程可不硬化但应坚实、平整。施工人员通道场地硬化实例图如图 5-2-11 所示。

图 5-2-10 行车道场地硬化实例图

图 5-2-11 施工人员通道场地硬化实例图

（3）生产加工区硬化标准：可用 20cm 厚的混凝土进行硬化。加工生产区场地硬化实例图如图 5-2-12 所示。

图 5-2-12 加工生产区场地硬化实例图

（五）道路及排水

1. 工作内容及时限

进场后开工前，施工单位应完成场内施工道路及排水设施的布置。

2. 工作要求

（1）临时施工道路在考虑方便施工的同时，应考虑结合现有道路，尽量与外部人员车辆分隔；主要施工道路应坚实、平整，两侧设排水沟。现场施工道路排水如图 5-2-13 和图 5-2-14 所示。

图 5-2-13 施工道路排水实例图　　图 5-2-14 施工道路硬化及排水区实例图

（2）行车道路宽不小于 4m，路面平整、坚实、清洁，无翻浆积水现象。

（3）施工人行道宜与行车通道分开设置，路宽不小于 1.5m。

（4）两侧排水沟大小应根据工程区域历史暴雨洪水情况调查分析；主要排水沟应采用砖砌或混凝土浇筑，排水容量满足最大排水要求。

（5）防护棚顶部棚面材料宜使用 5cm 厚的木板等抗冲击材料，且满铺无缝隙，层间距不应少于 0.6m，同时应在顶层设置防护栏杆，高度为 1.2m，两道水平杆，栏杆宜刷间距为 0.4m 红白相间的警示油漆，除入口处外其余三面满挂密目安全网。

（六）上下通道

1. 工作内容及时限

上下通行必须设有钢扶梯、爬梯等，严禁攀爬和自挖土级上下。上下通道需在通行前搭设完成。

2. 工作要求

（1）使用钢爬梯通行时，钢爬梯梯梁钢管直径不小于 30mm，踏棍宜采用直径 20mm 圆钢，间距宜为 0.3m。梯段高度超过 2m，背侧临空应设置护笼。爬梯宽度不小于 0.3m。如图 5-2-15 所示。

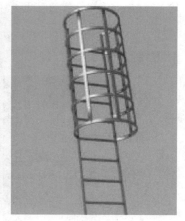

（a）钢扶梯　　　　　　（b）钢爬梯

图 5-2-15 钢扶梯和钢爬梯示意图

（2）采用钢扶梯时，钢扶梯宽度不小于1m，坡度不大于1：3；扶梯高度大于5m时，应设梯间平台，分段设梯；扶梯外侧和平台处需设置护栏和挡脚板，护栏高1.2m，设三条平行钢管，护栏钢管宜刷红白相间警示油漆；挡脚板高度不低于0.2m。通道脚手板应采用阶梯式，踏步高度宜为0.15m，踏脚板宽度宜为0.2m，每条踏步上应设防滑条。

（3）鼓励使用定型化、可拆卸的梯笼（图5-2-16）。无论哪种梯形，均应设置安全防护栏杆、安全网和警示标志。

（七）班前讲台

1. 工作内容及时限

施工单位应在施工场内空旷的位置设置班前讲台（图5-2-17）。班前讲台应在进场后开工前搭设完成。

图5-2-16　定型化、可拆卸的梯笼示意图

图5-2-17　班前讲台实例图

2. 工作要求

（1）讲台应大方美观，讲台背景牌尺寸宜为5m×3m，背景牌前不小于2m处宜设置讲台，背景牌至讲台处地面应垫高不宜小于20cm，并刷红。

（2）讲台高度宜为1.2m。大小宜为0.77m×0.5m。

（3）背景牌应标明：安全生产警示标语、班前活动制度、合同工期倒计时、安全生产施工天数等。

（八）瞭望台

1. 工作内容及时限

瞭望台应设置在地势较高、视线较好的区域（图5-2-18）。需在施工总体布置完成后开工前完成。

2. 工作要求

（1）平台尺寸不宜小于4m×5m，地面应采用混凝土硬化。

（2）平台四周应设置护栏，护栏高1.2m，采用不锈钢材质，安全可靠。

（3）瞭望台应设置项目概况图、效果图及平面布置图等。

（4）栏杆处应挂设安全宣传标语。

（5）小型水利工程可不设置瞭望台。

图 5 - 2 - 18　瞭望台实例图

（九）安全体验馆

1. 工作内容及时限

安全体验馆包括实体体验馆与虚拟现实（Virtual Reality，VR）体验馆（图 5 - 2 - 19、图 5 - 2 - 20）。有条件的可在进场后开工前设立安全体验馆。

图 5 - 2 - 19　实体体验馆实例图　　　　图 5 - 2 - 20　VR 体验馆实例图

2. 工作要求

（1）安全体验馆一般包含平衡木体验、移动平台体验、安全带使用体验、洞口坠落体验、安全帽撞击体验、电磁变频触电体验、灭火器演示及正确使用体验、安全栏杆推倒体验、垂直爬梯体验、标准马道体验、钢丝绳正确使用方法体验、安全综合用电体验、安全防护用品展示等，可根据工程实际情况选择建设具体的体验项目。

（2）安全体验馆需封闭管理，需设置大门及围挡。

（3）小型水利工程可不设置安全体验馆。

（十）移动厕所

1. 工作内容及时限

现场主要施工区附近可根据施工需要，并按照作业人员数量设置若干移动厕所（图 5 - 2 - 21）。移动厕所需于开工前设置。

图 5 - 2 - 21　移动厕所实例图

2. 工作要求

（1）移动厕所尺寸宜为 1.1m×1.1m×2.2m。

（2）厕所内需设冲便器及洗手池。

（3）厕所保持干净、卫生、无异味。

（十一）茶水休息室

1. 工作内容及时限

现场应为作业人员提供休息区，可设置茶水休息室（图 5-2-22），并在进场后开工前设置完成。

2. 工作要求

（1）茶水休息室应与卫生间、垃圾池等污染源及危险物品仓库等保持一定的距离。

（2）茶水休息室宜采用钢结构搭设，地面需硬化，并设置排水沟或排水槽，面积不宜小于 10m²，高度不低于 2.5m，顶部设置防雨防晒设施。

（3）室内应设置足够容量的饮用电热水器或密封式保温桶；提供一定数量的休息座椅，并配备消防器材；室内布设管理规定、安全或健康知识宣传挂图（图 5-2-23）。

图 5-2-22　茶水休息室实例图

图 5-2-23　宣传标语实例

三、主要危险源防护

（一）临边防护

1. 工作内容及时限

临空、临边处，须设置安全防护栏杆等临边防护设施。防护栏杆应在出现临边工作面时设置完成。

2. 工作要求

（1）安全防护栏杆宜采用钢管搭设，由上、中、下三道横杆，立柱及斜杆组成。选用钢管应质量合格，符合规范规程要求，采用扣件连接。

（2）上杆离地高度不应低于1.2m，栏杆底部挡脚板不低于0.2m。坡度大于25°时，防护栏应加高至1.5m，特殊部位应用网栅封闭。如图5-2-24和图5-2-25所示。

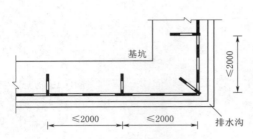

图5-2-24　临边防护俯视图（单位：mm）

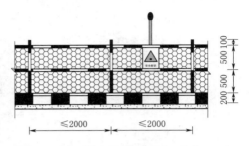

图5-2-25　临边防护正视图（单位：mm）

（3）立杆间距不大于2.0m，防护栏杆长度小于10m时，两端应立斜杆；长度大于10m时，每10m至少设置两根斜杆。

（4）防护栏杆设立应牢固可靠，保证任意方向受力100kg防护栏杆不破坏，如图5-2-26所示。

图5-2-26　临边防护示意图

（二）孔洞防护

1. 工作内容及时限

施工现场各类洞、井、孔口和沟槽处应做好防护，设置固定盖板或防护栏杆。

2. 工作要求

（1）短边长200～500mm水平孔口。孔口上部宜铺盖18mm厚木胶合板，并用膨胀螺栓四角固定，盖板面层刷红白相间的警示油漆，漆间距200mm，角度45°，如图5-2-27所示。

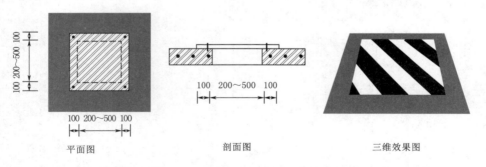

平面图　　　　　　　　剖面图　　　　　　　　三维效果图

图5-2-27　200～500mm洞口防护示意图（单位：mm）

（2）短边长在500～1500mm水平孔口。孔口上部宜铺木枋（立放），上盖18mm厚木胶合板用铁钉钉牢，面层刷红白相间的警示油漆，漆间距200mm，角度45°。孔口周边设置钢管防护栏杆，防护栏杆的水平杆、立杆刷间距约400mm的红白相间油漆，并在最上一道水平杠处悬挂"当心坠落"警示标志。所有水平杆伸出立杆外侧 100mm，如图 5-2-28 所示。

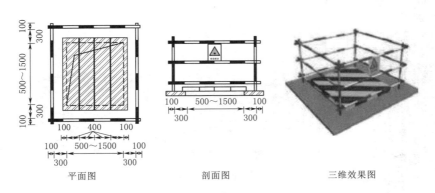

图 5-2-28 500~1500mm 洞口防护示意图（单位：mm）

（3）短边长在 1500mm 以上的水平孔口。孔口周边设置钢管防护栏杆，立杆间距不大于 2000mm，立杆应安全固定，防护栏杆下部设置 200mm 高挡脚板，防护栏杆的水平杆、立杆以及挡脚板，宜刷间距为 400mm 的红白相间的警示油漆，防护栏杆外立面及洞口水平面挂密目安全网并在最上一道水平杠处悬挂"当心坠落"警示标志。所有水平杆伸出立杆外侧 100mm，如图 5-2-29 所示。

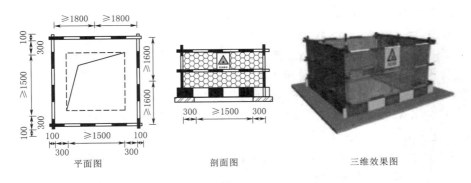

图 5-2-29 大于 1500mm 洞口防护示意图（单位：mm）

（三）水平通道

1. 工作内容及时限

排架、井架、施工用电梯、大坝廊道、隧洞等出入口和上部有施工作业的通道，应设有防护棚。水平通道防护应在通道投入使用前完成。

2. 工作要求

（1）防护棚长度应超过可能坠落范围，宽度不小于通道宽度，两端各长出 1m，高度不小于 3.5m。当可能坠落的高度超过 24m 时，应设双层防护棚（图 5-2-30）。

（2）进口两侧应搭设钢管立柱（宜为 0.9m×0.9m），并张挂安全警示标志牌和安全宣传标语。立杆必须沿通行方向设置扫地杆和剪刀撑，立杆纵距不应超过 1.2m。安全通道及防护棚两侧应设置隔离栏杆及八字撑，满挂密目安全网，所有水平杆控制伸出立杆外侧 0.1m。

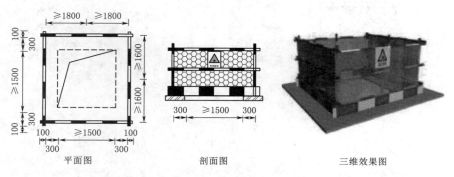

平面图　　　　　　剖面图　　　　　　三维效果图

图 5-2-30　大于 1500mm 洞口防护示意图（单位：mm）

（四）脚手架工程

1. 工作内容及时限

现场施工如外墙、内部装修或层高较高无法直接施工处，需搭设脚手架工程，并经验收合格后投入使用。

2. 工作要求

（1）脚手架搭设选用的钢管应质量合格，符合规范规程要求，不得使用变形、开裂或锈蚀严重的钢管。

（2）脚手架基础按方案要求平整夯实，外侧宜设置排水沟；在基础上沿外脚手架长度方向设置垫板，垫板材质可采用木脚手板或槽钢等；每根立杆下设置底座和垫板，立杆底部设纵横向扫地杆，扫地杆距地面距离宜为 0.2m。悬挑架悬挑支撑应选用截面高度不小于 160mm 的型钢钢梁，采用 U 型钢筋拉环或直径不小于 16mm 的螺栓锚固。

（3）脚手架立杆间距不应大于 2.0m，立柱要求垂直，其中转角立柱的垂直误差不得超过 0.5%，其他立柱不得超过 1%，立杆采用对接方式连接，严禁搭接；立杆必须用连墙件与建筑物可靠连接；大横杆间距不大于 1.2m，小横杆间距不大于 1.5m，如图 5-2-31 所示。

（4）脚手架横杆、斜杆各接点应连接可靠、拧紧，各连接处互伸出端头应大于 0.1m。

（5）外侧及每隔 2~3 道横杆应设剪刀撑，排架基础以上 12m 范围内每排横杆均应设置剪刀撑。剪刀撑的斜杆与水平面交角 45°~60° 之间。水平投影宽度不小于 2 跨或 4m，不大于 4 跨或 8m。

（6）作业层脚手板宜选用冲压钢板、木板、竹笆板搭设，应满铺，铺设平稳并绑牢或钉牢，离墙面的距离不应大于 0.2m，不应有空隙和探头板，搭接长度不小于 0.2m，对头搭接时应设双排小横杆，其间距不大于 0.2m。

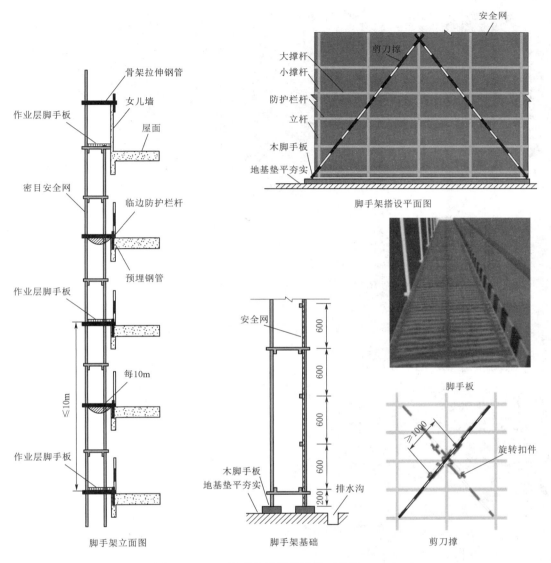

图 5-2-31 脚手架搭设标准图（单位：mm）

（7）脚手架外侧防护使用合格的密目式安全网进行全封闭；脚手架每隔两层且高度不超过 10m 设水平安全网或满铺脚手板，水平安全网兜挂至建筑物结构；作业层外侧设置 1.2m 高防护栏杆和 0.2m 高挡脚板；当架体与楼层间隙大于 15cm 时，挂安全平网进行封闭。

（8）鼓励采用轮扣式、盘扣式等新型脚手架。

（五）脚手架人行通道

1. 工作内容及时限

脚手架内需设置人行通道。人行通道需与脚手架同时搭设完成（图 5-2-32）。

117

图 5-2-32　脚手架人行通道示意图

2. 工作要求

（1）人行通道高度不宜大于 6m，宜采用"之"字形；运料道宽度不宜小于 1.5m，坡度宜采用 1:6，人行斜道宽度不宜小于 1.0m，坡度宜采用 1:3。

（2）拐弯处设置平台，其宽度不小于斜道宽度，斜道两侧及平台外围宜设置 1.2m 和 0.6m 高的双道防护栏杆及 0.2m 高挡脚板，防护栏杆和挡脚板表面宜刷警示色。

（3）斜道脚手板采用不小于 4cm 厚的木板，并每隔 0.3m 设 4cm 宽 2cm 厚的防滑条。

（六）支模架与模板工程

1. 工作内容及时限

支模架与模板工程应在混凝土结构浇筑前搭设完成，并经验收后投入使用。

2. 工作要求

（1）模板支撑可采用钢管搭设，钢管选用应符合规程规范要求。鼓励使用盘扣式、碗扣式等其他新型、可靠的支撑体系。

（2）立杆支承在土体上时，底部应设置底座或垫板，如图 5-2-33～图 5-2-35 所示。

图 5-2-33　支架扫地杆及垫板示意图

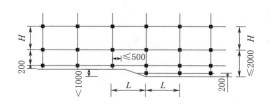

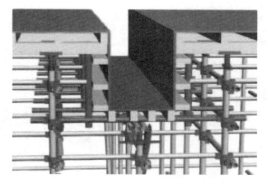

图 5-2-34　纵横向扫地杆示意图（单位：mm）　　　图 5-2-35　模板支撑示意图

（3）模板支架必须设置纵、横向扫地杆。纵向扫地杆应采用直角扣件固定在立杆上，距底座上部宜为 0.2m，横向扫地杆亦应采用直角扣件固定在紧靠纵向扫地杆下方的立杆上。当立杆基础不在同一高度上时，须将高处的纵向扫地杆向低处延长两跨与立杆固定，高低差不应大于 1m。靠边坡上方立杆轴线到边坡的距离不应小于 0.5m。

（4）在立杆底部或顶部设置可调托座时，可调托座与钢管交接处应设置水平杆，托座距水平杆高度不大于 30cm，其调节螺杆的伸缩长度不大于 20cm。

（5）模板支架外侧周圈应设由下至上的竖向连续剪刀撑，中间在纵向每隔约 10m 设由下至上的竖向连续式剪刀撑，宽度 5～8m，并在剪刀撑顶部、扫地杆处设置水平剪刀撑，如图 5-2-36 所示。

（6）模板可使用钢模板、木模板或竹胶板，梁底至少加 2 根同规格木枋，现场使用木枋截面不应小于 50mm×50mm，主、次楞等传递竖向荷载，承受弯矩作用部位，禁止使用圆形钢管代替木枋。鼓励采用组合钢模板、铝模板等定型化模板。

（7）模板与混凝土的接触面，以及各块模板接缝处，必须平整密合。混凝土浇筑前模板面板应保持整洁，并涂抹脱模剂。

图 5-2-36　模板实例图

（七）楼梯防护

1. 工作内容及时限

水闸、泵站、管理房等建筑物施工时，已建成的楼梯尚未安装楼梯扶手时应在楼梯外侧临空面设置临时防护措施。

2. 工作要求

（1）楼梯可根据实际需要选择挂设安全网或不挂安全网的两种防护形式，如图 5-2-37 和图 5-2-38 所示。

（2）挂设安全网时，安全梯及休息平台临边宜采用钢管搭设防护栏杆，设水平杆三道，挂安全网。

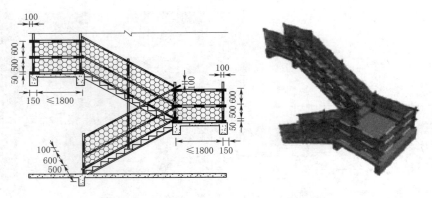

图 5-2-37　挂设安全网楼梯防护示意图（单位：mm）

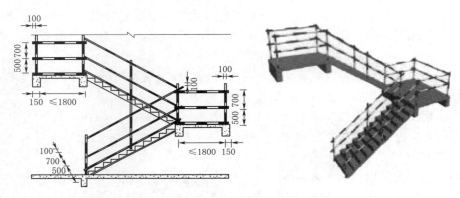

图 5-2-38　不需挂安全网楼梯防护示意图（单位：mm）

（3）不挂安全网时，安全梯及休息平台宜采用钢管搭设防护栏杆，设水平杆两道，底部设 0.2m 高挡脚板。

（4）防护栏杆的水平杆、立杆宜刷间距为 0.4m 红白相间的警示油漆，所有水平杆伸出立杆外侧 0.1m。

（八）高边坡防护

1. 工作内容及时限

高度大于 5m，坡度大于 45°的高边坡开挖时需设置防护栏、截水沟等防护设施（图 5-2-39、图 5-2-40）。防护设施应在基坑或边坡开挖前完成。

2. 工作要求

（1）开挖前需清除设计边线外 5.0m 范围内的浮石、杂物。

（2）坡顶及边坡四周需设置截水沟。

（3）坡顶应设置安全防护栏或防护网，防护栏高度不应低于 2.0m。

（4）坡面每下降一层台阶应进行清坡，对不良地质段应按设计要求进行支护。边坡应按设计要求设置安全监测设施。

（5）坡高大于 100m 时，在开挖面设置人行及材料运输专用通道，每层马道或栈桥外侧设置安全栏杆，并布设安全网以及挡板。

图 5 - 2 - 39　边坡防护网实例图　　　　图 5 - 2 - 40　边坡截水沟实例图

（九）深基坑开挖

1. 工作内容及时限

深基坑应按照已审批的方案进行开挖，按规定设置降排水、坡面保护、临边防护、支护等设施（图 5 - 2 - 41、图 5 - 2 - 42），与基坑开挖同时进行。

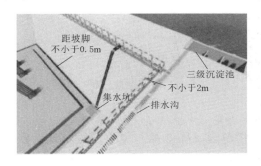

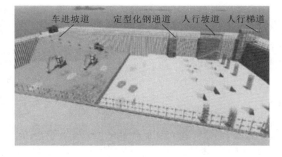

图 5 - 2 - 41　基坑边缘实例图　　　　图 5 - 2 - 42　基坑上下通道示例图

2. 工作要求

（1）基坑周边应设置排水沟，排水沟与基坑边缘不小于 2m，基坑边缘需设置防护栏杆。

（2）严格按照方案要求进行边坡支护，不得存在塌方。

（3）做好截水、降水、排水工作，保证无水施工。

（4）按照方案要求设置监测设施。

（5）基坑通道应人车分道，行车通道根据实际情况进行放坡；人行通道可为扶梯或定型化梯笼。

（6）基坑周边 1.2m 范围内一般不得堆载，严禁重车通行。

（十）隧洞施工

1. 工作内容及时限

隧洞施工应做好洞口防护及洞内通风、照明、排水等。各类设施应与隧洞掘进同时布置到位，如图 5 - 2 - 43 和图 5 - 2 - 44 所示。

图 5-2-43 隧洞口防护实例图

图 5-2-44 进洞、出洞人员信息表实例图

2．工作要求

（1）洞脸、排水沟按设计要求进行支护并清理到位，洞脸边坡外侧设置挡渣墙或积石槽，或在洞口设置防护棚，其顺洞轴方向不宜小于 5m。洞口应保持干净整洁，不得堆放杂物。

（2）洞内不良地质段应按设计要求进行支护。

（3）洞口路面应硬化，洞口两旁应设置相应的隧洞施工注意事项、安全警示标志标牌。

（4）洞口应设置门禁和值班岗亭，大中型工程应设置人脸识别系统，严禁闲杂人员进出，设置进出隧洞电子牌，及时显示进出洞人员及洞内有害气体情况，洞口及洞内应安装视频监控系统。

（5）洞内可采用角钢作业支撑，上层走电缆、风管（不同侧），下层走水管。

（6）洞内临时用电应采用三相五线制，即专用电源工作零线与保护零线分开设置的 TN-S 接零保护系统，进洞电压应符合规范要求。

（7）洞内的系统通风、照明系统及时设置，保证洞内空气质量和照明良好，作业面应设置移动照明设施，满足照度要求，如图 5-2-45 和图 5-2-46 所示。

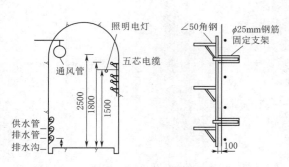

图 5-2-45 风、水、电管线布置示意图

图 5-2-46 供风供水实例图

（8）洞内应排水良好，不应有积水。

（9）小型水利工程可不设置人脸识别系统以及进出隧洞电子牌，应在洞口显眼位置处明示隧洞内施工工序、进洞人员以及洞内有害气体等情况。

（十一）起重吊装作业

1. 工作内容及时限

涉及起重吊装作业的工程应按要求设置起重设备（图5-2-47、图5-2-48），并在起重作业前完成。

图5-2-47 塔吊基础防护

图5-2-48 使用告示牌

2. 工作要求

（1）起重设备设施进场安装完毕后需组织验收；特种设备需办理使用登记。

（2）起重作业现场应有专人指挥，司机及指挥人员需持证上岗；作业时严格遵守"十不吊"规定，吊装危险区域应设警示牌，禁止无关人员进入。

（3）起重设备设施的限载、行程限位、断绳保护、防脱钩等安全防护装置应齐全、灵敏。

（4）塔式起重机基础应满足厂家使用说明要求，采用混凝土硬化，设置可靠排水系统；四周设置1.8m高的防护网，并设置醒目的告示牌，告示牌尺寸可为1.8m×1.2m。

（十二）临时用电

1. 工作内容及时限

涉及用电作业的工程进场后施工单位应按既定方案设置临时用电，如图5-2-49～图5-2-51所示。

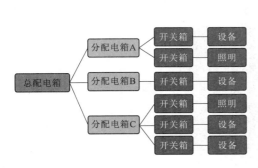

图5-2-49 三级配电示意图

图5-2-50 配电柜实例图

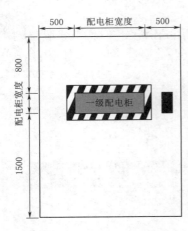

图 5-2-51　配电室平面
布置示意图（单位：mm）

2. 工作要求

（1）现场采用 TN-S 接零保护的三级配电系统，每级配电箱均设漏电保护装置，电器设置按"一机、一闸、一漏"原则设置。

（2）总配电箱以下可设若干分配电箱，分配电箱以下可设若干开关箱。分配电箱与开关箱的距离不得超过 30m，开关箱与其控制的固定式用电设备的水平距离不宜超过 3m，且便于操作。

（3）配电箱、开关箱应采用冷轧钢板或阻燃绝缘材料制作，钢板厚度应为 1.2～2.0mm，其中开关箱箱体钢板厚度不得小于 1.2mm，配电箱箱体钢板厚度不得小于 1.5mm，箱体表面应做防腐处理。

（4）配电箱的电气安装板上必须分设 N 线端子板和 PE 线端子板。N 线端子板必须与金属电器安装板绝缘；PE 线端子板必须与金属电器安装板做电器连接，进出线中的 N 线必须通过 N 线端子板连接，PE 线必须通过 PE 线端子板连接。

（5）配电柜应设在灰尘少、潮气少、振动小、无腐蚀介质、无易燃物及道路畅通的地方。

（6）配电柜放置平台宜高出地面 30cm，平台平铺 1cm 厚绝缘橡胶。

（7）配电室围栏角柱子宜采用 40mm×40mm 方钢制作，栏框采用钢筋焊制，栅格间距 0.12m。围栏需设置进出门，门宽不小于 0.6m。配电箱正面留不小于 1.5m 操作通道，背面留不小于 0.8m 操作通道，侧面留不小于 1m 行走通道。

（8）棚顶四周焊接角钢，并封闭严密。

（9）配电室内需设灭火器及消防沙（图 5-2-52）。配电室正面需挂设"当心触电""闲人不得入内""电工责任牌"等警示标志。

（10）固定式二级配电箱应设置防雨、防砸、防尘设施，顶部防雨棚及四周围栏可参照配电柜相关要求设置。

（11）临时用电电缆质量必须符合规范规程的要求，不得简化和替代，如图 5-2-53 所示。

（12）电缆线路应采用埋地或架空敷设，严禁沿地面明设，并应避免机械损伤和介质腐蚀。

（13）埋地敷设时，宜选用铠装电缆，直接埋地深度不宜小于 0.7m，电缆上下左右应均匀敷设不小于 50mm 厚的细沙，后覆盖砖、混凝土板等硬质保护层。埋地电缆在穿越建筑物、构筑物、道路、易受机械损伤、介质腐蚀场所及其引出地面 2.0m 高到地下 0.2m 处需加防护套管。

（14）架空敷设时，架空电缆应沿电杆、支架或墙壁敷设，严禁沿树木、脚手架上敷设，采用绝缘子固定，绑扎线必须采用绝缘线，架空线路最大弧垂与地面距离不小于 4.0m，沿墙壁敷设时最大弧垂距地不得小于 2.0m，如图 5-2-52 和图 5-2-53 所示。

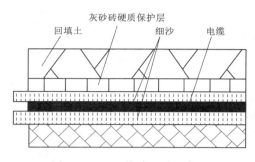

图 5-2-52 线路埋设示意图

图 5-2-53 线路架空示意图

四、生产辅助系统

(一) 钢筋加工棚

1. 工作内容及时限

施工现场所有的钢筋加工场均应搭设加工棚,并在加工场地确定后、钢筋加工前建成,经验收后投入使用。

2. 工作要求

(1) 加工棚可采用钢管或型钢搭设,尺寸大小按生产要求确定,高度不宜小于 5m,可根据需要选择是否设置行车。

(2) 加工场顶棚四周或周边沿口挡板处设置宣传标语,内部悬挂各设备安全操作规程,宣传标语宽可为 60cm,各类规程挂设高度宜为 2.6m。

(3) 四周应设置排水沟,电缆采用埋设或套管形式保护,棚内设灭火器。

(4) 搭设范围在塔吊回转半径或建筑物周边,须设置双层硬质防护,上下层间距不小于 0.6m,如图 5-2-54 所示。

图 5-2-54 钢筋加工棚实例图

（二）木材加工棚

1. 工作内容及时限

施工现场所有的木材加工场所均应搭设加工棚，并在加工场地确定后、木材加工前建成，经验收后投入使用。

2. 工作要求

（1）加工棚可采用钢管或型钢搭设，具体尺寸应根据实际生产要求确定，但净空高度不宜低于3m，如图5-2-55和图5-2-56所示。

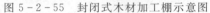
图5-2-55　封闭式木材加工棚示意图　　　　图5-2-56　开敞式木材加工棚示意图

（2）四周设置排水沟，机械电缆采用埋设或套管形式保护，棚内设灭火器。

（3）棚顶四周或周边沿口挡板处张挂宣传标语，内部悬挂各设备操作规程及警示牌。宣传标语及操作规程尺寸与钢筋加工棚要求相仿。

（4）对环境有特殊要求的需采用封闭式。处于塔吊回转半径内及建筑物周边的应设置双层硬质防护，上下层间距不小于0.6m。

（三）混凝土拌和系统

1. 工作内容及时限

按施工组织设计要求，在距混凝土用量较大的施工区域附近的合理位置设置混凝土拌和系统（图5-2-57），在混凝土工程开始浇筑之前完成。

图5-2-57　混凝土拌和系统实例图

2．工作要求

（1）混凝土搅拌区应布局合理，四周道路宽度、硬度满足砂石料车、水泥车行走、转弯要求。搅拌区地面及主要运输道路应平整碾压后硬化处理，适当位置修建污水沉淀池，严禁随意排放污水。

（2）搅拌机主机、输料机及配料机宜采用彩钢板做挡雨棚。水泥存放桶、搅拌机、皮带输送机应封闭，水泥罐、粉煤灰罐外表涂装企业标志或宣传标语。

（3）应在醒目位置挂设混凝土（砂浆）配合比牌，及安全警示标志标牌，操作室内应张挂操作规程，尺寸大小宜为 0.6m×1.0m。

（4）混凝土用量较小的小型水利工程可根据需要选用各类拌和设备，不单独设置拌和站，但应能够保证混凝土拌和质量并符合环保要求。

（四）骨料加工系统

1．工作内容及时限

需进行骨料加工的工程，应在主要骨料堆放处或料场设置骨料加工系统（图5-2-58），在工程需使用骨料前建成。

2．工作要求

（1）砂石料生产机械安装应基础牢固、稳定性好；基础各部位连接牢靠；接地电阻不应大于 4Ω。

（2）破碎机械进料口部位采用机动车辆进料时，应设置进料平台，平台与进料口连接处应设置混凝土安全埂。

（3）破碎机械的进料口、出料口以及筛分楼的进料口、振动筛等部位，应设置洒水等降尘措施。骨料传送带应设置封闭等防尘设施。

图5-2-58 骨料加工系统示意图

（4）各层设备有可靠的指示灯等联动的启动、运行、停机、故障联系信号，裸露的传动装置设置孔口尺寸不大于 0.03m×0.03m 的装拆方便的钢筋网或钢板防护罩。

（5）筛分系统设置前应按要求设置检修平台。

（6）应在醒目位置挂设岗位安全操作规程牌，"施工重地、注意安全"等警示牌，易发生机械和其他伤害的场所设置禁止和警示标志等。

（五）钢筋堆放

1．工作内容及时限

施工现场应设置钢筋堆放场地，现场钢筋按照规范进行堆放，如图5-2-59所示。钢筋堆放场与钢筋加工棚同时设置。

2．工作要求

（1）钢筋应按不同等级、牌号、规格及生产厂家分别堆存，不应混杂。每垛钢材应设置材料标识牌，如图5-2-60所示。

图 5-2-59 钢筋堆放实例图

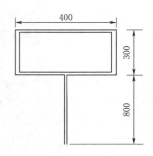

图 5-2-60 标识牌示意图

（2）钢筋应架空堆放，材料离地面宜为 15～30cm，钢筋两侧采用槽钢或工字钢围挡，围挡高度宜为 1.2m，围挡间距宜为 1.2m。钢筋堆放不得超过 2 层，高度不得超过两侧槽钢高度。钢筋放置室外时需对钢筋加以覆盖。

（六）砂石料堆放

1. 工作内容及时限

应根据施工组织设计要求在靠近拌和系统处设置砂石料堆放场所，如图 5-2-61 所示，并在场地确定后 5 天内完成布设。

图 5-2-61 砂石料堆放实例图

2. 工作要求

（1）不同粒径、不同品种的砂石料应分仓存放，每个分仓应分别设置标识标牌，可悬挂于顶棚正下方或粘贴于隔墙处。

（2）料仓隔墙采用实体砌筑，隔墙高度宜大于堆料高度 50cm 以上。仓内地面须硬化，设置合理的地面坡度，料仓内地坪高于仓外地坪，料仓墙下部预留排水孔，避免积水。

（3）料仓的容量应满足最大单批次连续施工的需要，并留有一定的余地，另外还应满足运输车辆和装载机等作业要求。

（4）料仓要设置顶棚或用篷布覆盖，并有防尘措施。

（七）建渣堆放设施

1. 工作内容及时限

施工现场应设置建渣废料池，包括：可回收及不可回收废料池。应在进场后开工前设置完成。

2. 工作要求

（1）大中型工程至少设置2个废料池（图5-2-62）。

（2）废料池尺寸大小可根据施工平面布置及实际现场需要确定。

（3）基础采用混凝土硬化，四周采用砖砌并抹灰，外表面刷红白警示漆。

（4）废料池正面印"废料池"字样，并张贴可回收或不可回收标识牌。

（5）小型水利工程可不单独设置，但需做好废料处理，保持施工场地干净整洁。

（八）施工机具

1. 工作内容及时限

施工前应根据工作需要配备相应的施工机具，如图5-2-63所示。

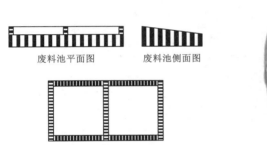

废料池平面图　　废料池侧面图

废料池俯视图

图5-2-62　废料池示意图

图5-2-63　砂轮实例图圆盘锯实例图

2. 工作要求

（1）各类施工机具应定期保养、维修、更换，形象良好，机具各类防护设施齐全，使用时严格遵守操作规程。

（2）圆盘锯的锯片及传动部位应安装防护罩，并设置保险挡、分料器；凡长度小于50cm，厚度大于锯盘半径的木料，严禁使用圆盘锯；破料锯与横截锯不得混用。

（3）平刨机必须安装护手装置，开关箱与平刨距离不超过3m，不得使用既有平刨又有圆盘锯等多功能的木工机具。

（4）砂轮机必须装设不小于180°的防护罩，工作托架牢固可调整。严禁使用有裂纹或剩余部分不足25mm的砂轮。

（5）钢筋张拉设备工作区应设置防护设施，宜采用钢管围挡，钢管围挡立杆高度为1.2m，围挡间距为2m。

（九）气瓶仓库

1. 工作内容及时限

涉及焊接等动火作业的工程现场须设置氧气、乙炔危险品专用仓库，如图5-2-64

和图5-2-65所示，并在动火作业前设置完成。

图5-2-64　乙炔瓶仓库实例图　　　　图5-2-65　乙炔瓶仓库实例图

2. 工作要求

（1）仓库与生活区保持安全距离，面积不宜小于4m²，通风良好，有遮阳及隔热措施，并设防盗锁。

（2）仓库正面张贴重点防火部位管理制度和责任人名单，悬挂防火重点部位警示牌，标示最大储存量，并配备灭火器。

（3）氧气、乙炔仓库应分类存放，仓库要有专人管理。

（4）氧气、乙炔瓶必须分开存放，间距不应小于5m，与明火间距不应小于10m。气瓶使用和运输的过程中应使用小推车。

（十）应急物资仓库

1. 工作内容及时限

按要求须单独搭设房屋作为应急物资仓库（图5-2-66），在项目进场后开工前完成。

图5-2-66　应急物资仓库实例图

2. 工作要求

（1）大中型工程，库房面积不宜小于 20m²，小型工程不宜小于 10m²，库内应设置材料架，轻便应急物资置于材料架上，分类码放整齐，标示清晰，并配有出入库台账。

（2）应急物资配备种类及数量应符合应急预案及施工所在地相关规定，如图 5-2-67 和图 5-2-68 所示。

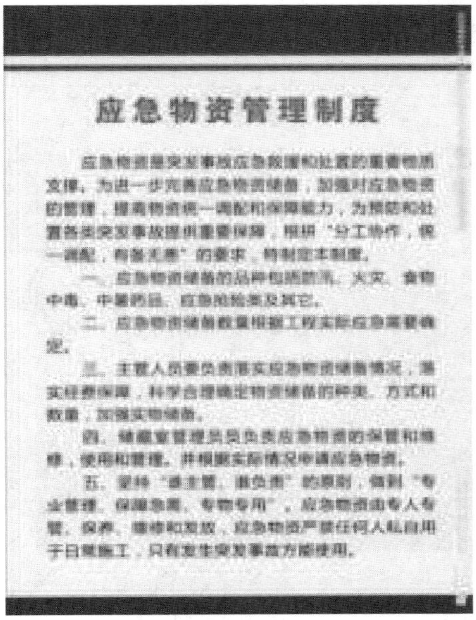

序号	物资名称	规格型号	计量单位	数量	备注
1	排水泵	457/300V	台	4	
2	潜水泵	7.5kV	台	3	
3	应急帐篷		顶	5	
4	编织袋		个	1000	
5	彩条布	6×50m	m²	500	
6	防撞警示锥		个	20	
7	喇叭	小型	个	5	
8	应急包		个	4	
9	棉纱		kg	200	
10	应急床		套	1	
11	医用担架		个	2	
12	防毒面具		个	20	
13	水玻璃		kg	100	
14	手拉葫芦		套	2	
15	千斤顶	257	个	2	
16	软梯		副	2	
17	十字顶		把	10	
18	铁铲		把	20	
19	铁锤	8磅	把	5	
20	铁锤	8磅	把	3	
21	铁棍		把	8	

图 5-2-67 制度上墙实例图　　　　图 5-2-68 应急物资台账实例图

（3）应急物资应专人专库保管，严禁他用，库房墙面应挂设相应的物资管理制度。

（4）库内需配备灭火器等消防设施。

（十一）零星材料仓库

1. 工作内容及时限

施工现场宜设置零星材料仓库（图 5-2-69），并在进场后开工前建设完成。

2. 工作要求

（1）零星材料仓库面积不宜小于 20m²，高度不宜低于 2.5m，可采用彩钢瓦封顶。

（2）室内按存放物品的种类及数量设置货架，货架可用角钢搭设，货架尺寸宜为高 2.5m，长 2m，宽 0.65m，四层配置每层高度宜为 0.4~0.5m。

（3）货架上材料应分类整齐，并有明细标识，如图 5-2-70 所示；库房内码放的物资距周边墙体不小于 0.5m。

（4）库内需配备灭火器等消防设施。

（5）小型工程可与其他物资仓库并用，但需划分清晰。

图 5-2-69 零星材料存放实例图

图 5-2-70 货架标牌实例图

（十二）试验室及养护室

1. 工作内容及时限

施工现场需设置养护室，有要求的可设置试验室（图 5-2-71、图 5-2-72）。试验室或养护室需在开工前建成。

图 5-2-71 工地试验室实例图

图 5-2-72 工地养护室实例图

2. 工作要求

（1）根据项目建设需要，可委托检测单位设立工地试验室，设立工地试验室的检测单位或分支机构应经浙江省计量认证部门计量认证。工地试验室需经授权。

（2）试验室环境条件、设施设备、人员配备应满足相关试验要求，配备的检测仪器应经检定。

（3）养护室需至少配备：恒湿恒温控制器、加湿器以及温度计、湿度计、淋水管道、养护架和蓄水池等必要养护设备，室内需保持干净整洁。

（4）试验室及养护室墙内需挂设相应的管理制度。

（5）试块数量不大的小型工程可采用满足需要的标养箱替代养护室。

五、环保与安全辅助设施

（一）监测点设置与保护

1. 工作内容及时限

基坑开挖等工程施工前应按照设计及监测方案要求设置监测点，并进行保护。监测点设置应在基坑等需要监测的工程施工开始前布置到位，如图5-2-73所示。

2．工作要求

（1）地面沉降监测点宜采用高0.4m、直径0.14m、厚4.5mm的钢套筒与路面隔离。钢套筒上口宜采用3mm的钢板圆盖板保护，保护盖上可印"××工程地表监测注意保护"等字样，并在监测点旁采用红旗喷涂监测点编号，如图5-2-74和图5-2-75所示。

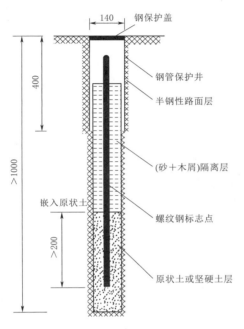

图5-2-73 地面沉降监测示意图（单位：mm）

图5-2-74 测点保护与标识实例图

图5-2-75 测斜管保护实例图

（2）构筑物竖向位移监测点埋设宜采用"L"形不锈钢，直径宜为18～22mm，外露端顶部加工成半球形。监测点上部粘贴标识牌，标识牌宜用不锈钢制作，大小宜为0.2m×0.1m，印"沉降监测点及测点编号"，沉降监测点字体呈黑色，测点编号字体呈红色，如图5-2-76所示。

（3）测斜管管口部位宜采用套管保护，在测斜管上下端口外套钢管或硬质PVC管，管底应进行封堵。

图5-2-76 构筑物沉降监测实例图

（二）施工生产区消防设施

1．工作内容及时限

施工现场应根据消防相关规范设置灭火器、指示标志等消防设施。

2. 工作内容及时限

（1）施工现场应设置灭火器、临时消防给水系统和应急照明等临时消防设施，灭火器数量、型号、规格应符合配置规范要求，临时疏散通道可利用在建工程施工完毕的水平结构、楼梯。当疏散通道需要单独设置时，应采用不燃、难燃材料建造，并应与在建工程结构施工同步设置。

（2）在建工程脚手架、支模架的架体宜采用不燃或难燃材料搭设。脚手架工程外围安全防护网须采用阻燃型安全防护网。

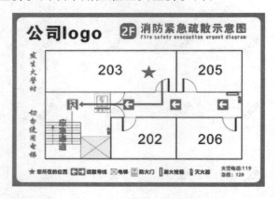

图 5-2-77　安全疏散标志实例图

（3）作业场所应设置明显的疏散指示标志，其指示方向应指向最近的临时疏散通道入口。作业层的醒目位置应设置安全疏散示意图（图 5-2-77）。

（4）在建工程的易燃易爆危险品存放场所及使用场所、动火作业场所、可燃材料存放、加工及使用场所、发电机房、变配电房、厨房操作间、锅炉房以及宿舍、办公用房等处，灭火器配置数量应按规定经计算确定，且每一场所的灭火器数量不应少于 1 组。

（三）洗车槽

1. 工作内容及时限

施工大门进口处应设置洗车槽，如图 5-2-78 所示，洗车槽应在开工前建设完成。

图 5-2-78　洗车槽实例图

2. 工作要求

（1）洗车槽应配置高效的自动冲洗设备。

（2）长度不小于 6m，宽度不小于 4m，宜采用工字钢制作，表面刷黄黑相间油漆。

（3）下部设置沉淀池，沉淀池分三级沉淀，沉淀池尺寸不小于 3m×1m×1m。

（4）小型工程可不单独设置洗车槽，但需配备车辆冲洗装置，并做好污水处理。

（四）安全警示镜

1. 工作内容及时限

施工大门门卫室旁应设置安全警示镜，如图5-2-79所示，安全警示镜应在开工前布置到位。

2. 工作要求

（1）警示镜镜框采用不锈钢焊制，立柱外径宜为60mm，镜框高宜为1.7m，宽宜为1.4m，框内周边可设5cm宽的边框。镜框底部距地面高度宜为0.2m。

（2）镜子尺寸宜为1.6m×0.6m。镜子右侧设置防护用品佩戴图，如图5-2-80所示，与镜面对称。

图5-2-79 安全警示镜实例图

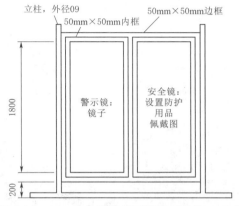

图5-2-80 安全警示镜示意图（单位：mm）

（五）环保与水土保持

1. 工作内容及时限

现场施工过程中应设置扬尘控制、噪声控制、光污染控制、水污染控制、水土保持等设施，做到低影响施工，如图5-2-81所示。

2. 工作要求

（1）施工现场应采取土方覆盖、定期洒水、搭设降尘棚、布设降尘网等措施，做好扬尘控制。

（a）搭设降尘棚实例图   （b）布设防尘网实例图

图5-2-81（一） 环保与水土保持设施

（c）裸土覆盖实例图

（d）设置洗车槽实例图

图 5-2-81（二）　环保与水土保持设施

（2）现场应采取隔音、隔震措施降低施工噪声，施工场界应设置噪声监测点，施工场界环境噪声排放标准不应超过 70dB（昼间）和 55dB（夜间）。

（3）现场应采取调整灯光照射方向、设置炫光遮挡棚等措施，做好光污染控制，如图 5-2-82 所示。

（a）设置隔震防护罩实例图

（b）噪声监测实例图

（c）强光朝向施工场地方向实例图

（d）电焊炫光遮挡示意图

图 5-2-82　光污染控制

（4）现场针对不同的污水类型应设置沉淀池、隔油池、化粪池等污水处理系统，做好污水控制。污水排放应达到国家标准的要求并应符合现行行业标准有关要求。

（5）现场应按水土保持方案要求落实水土保持措施，做好地表环境保护，防止土壤侵蚀、流失，因施工造成的裸土，需及时覆盖砂石或种植速生草种。对于有毒有害废弃物如电池、墨盒、油漆、涂料等应回收后交有资质的单位处理，不能作为建筑垃圾外运，避免污染土壤，如图5-2-83所示。

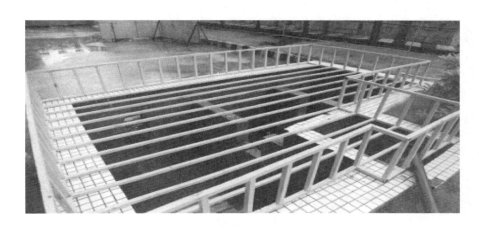

图 5-2-83　三级污水沉淀池实例图

第三节　办公区标准化

一、一般规定

（1）办公区应统一规划、集中布置、布局合理、配套齐全、方便管理，其中河道整治等线性水利项目应至少设置一处集中办公区域，开工前建成。

（2）大中型工程合同额大于1亿元的标段，办公区占地面积不宜小于2000m²；合同额1亿元以下标段，办公区占地面积不宜小于1500m²，供地困难的，可因地制宜适当调整，但应整体方正、大方、美观；小型工程办公区占地面积可按照实际办公需要确定，应做到大方、美观。

（3）办公区周围应设置围墙封闭管理，与生活区、施工生产区分开设置。

（4）地面及外部道路需硬化，并配备良好的排水设施。

（5）办公区应包含：大门、门卫室、办公室、会议室、卫生间、宣传栏、停车场（棚）、环境绿化等。除考虑施工单位办公需求外，应统筹考虑项目法人、监理、设计等其他单位办公需要。

（6）现场应配备保健、急救药箱与器材及一般常用药品，地处偏远、交通不便的工程宜设立医务室。

办公区整体布局参考图如图5-3-1所示。

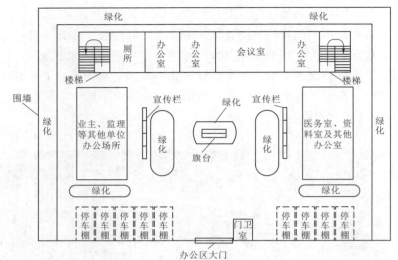

图 5 - 3 - 1　办公区整体布局参考图

二、大门及门卫室

（一）工作内容及时限

大门应设置在主干道旁的显著位置，形象较好，在项目进场后开工前完成，如图 5 - 3 - 2 和图 5 - 3 - 3 所示。

 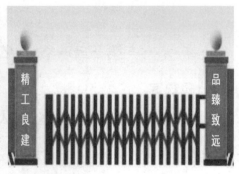

图 5 - 3 - 2　大门实例图

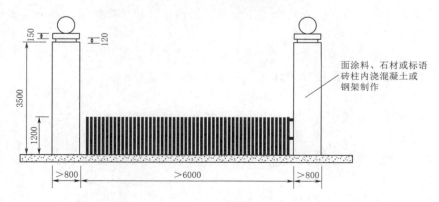

图 5 - 3 - 3　大门示意图（单位：mm）

（二）工作要求

（1）大门设置宽度不小于6.0m，宜采用电动伸缩门，大门侧面应设置门卫室。

（2）大门两侧设门柱，门柱尺寸宜为0.8m×0.8m，宜采用砖石砌筑，并有一定的装饰。门柱印公司宣传标语字样。

（3）根据实际选择是否设置门楣，如设置门楣，门楣高度宜为0.8m，印"××工程××标段项目部"。未设置门楣的可在大门一侧另行标识项目部名称。

（4）门卫室宜采用彩钢板搭设或实体砌筑，颜色应与大门颜色相协调；尺寸不小于1.5m×1.5m×2.1m，室内地面宜高出室外地面35cm，地面铺设地板格或地板砖；门卫室外安装白板告示栏，屋顶安装摄像头监控，室内张贴门卫岗位职责、门卫制度等；室内配备办公桌椅、车辆和人员进出登记本等，如图5-3-4所示。小型工程办公区可不设置门卫室。

图5-3-4 门卫室设置实例图

三、围墙

（一）工作内容及时限

办公区四周设置围墙进行封闭，在项目进场后开工前完成。

（二）工作要求

（1）围墙宜采用2m以上高度的实体材料砌筑或栅栏进行围挡。

（2）采用实体砌筑围墙（图5-3-5、图5-3-6）时，墙面刷蓝色涂料，必要时

图5-3-5 实体砌筑围墙实例图

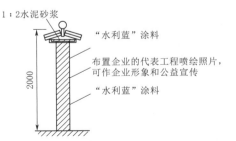

1:2水泥砂浆

"水利蓝"涂料

布置企业的代表工程喷绘照片，可作企业形象和公益宣传

"水利蓝"涂料

2000

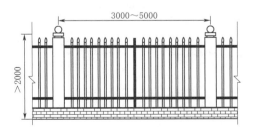

3000～5000

＞2000

图5-3-6 砌体围墙示意图（单位：mm）

每3~5m设置灯具，墙外应布置具有水利特色的宣传图片和标语。

（3）采用栅栏围墙（图5-3-7）时，应牢固可靠，宜采用锌钢材质，每隔3~5m应设置立柱，必要时需设置灯具。

图5-3-7　栅栏围墙实例图

四、办公用房

（一）工作内容及时限

办公用房，在项目进场后正式开工前建成，如图5-3-8所示。

（二）工作要求

（1）办公用房宜统一采用拆装式活动板房（租用永久房屋的除外），根据现场情况，板房可单层或两层，结构需稳定、可靠。

（2）墙体宜为乳白色，门为彩板门，窗框宜为铝合金材质，屋檐宜为蓝色，踢脚处宜刷30cm蓝色带。板房外侧栏板布置各类具有水利特色的宣传标语及图片。地方有强制标准的参照其标准设置。

图5-3-8　办公用房搭设实例图

（3）房内墙体宜为乳白色，地面地板可为瓷砖或地板。

（4）设置不少于2部疏散楼梯，楼梯和走道净宽度不应小于1m，楼梯扶手栏杆高度不应低于0.9m，外廊栏杆高度不应低于1.05m。

五、会议室

（一）工作内容及时限

包括室内装修、墙面布设、桌椅、会议系统及各类图表等，在项目进场后开工前完成。如项目法人单独搭建办公用房的会议室可参照设置，如图5-3-9所示。

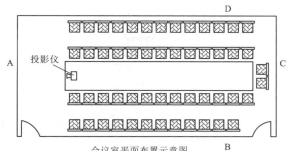

会议室平面布置示意图

图 5 - 3 - 9　会议室布实例图

（二）工作要求

（1）会议室应设置在底层，门朝疏散方向开，做到宽敞、明亮，配置窗帘，大中型工程面积应不小于 50m²，小型工程面积不小于 30m²，地面铺瓷砖或地板，吊顶应有专门装修。

（2）会议室内桌椅数量应满足人员开会要求，大中型工程不应少于 30 张，小型工程不少于 15 张。宜设置音响、话筒、投影仪、幕布、无线网络等会议系统，会议桌上设置多个电源插座。

（3）企业形象墙宜布置在 A 面，居中位置设"企业标识、企业名称及××工程项目部"等字样，墙面色亮。

（4）会议室其他墙面可悬挂质量保证体系、项目管理目标、施工生产进度表、项目组织结构图、企业质量方针、项目简介图、安全管理机构图、质量管理机构图及党风廉政建设宣传图表等，如图 5 - 3 - 10 所示。

（5）项目简介图、施工进度表大小尺寸不宜小于 1.8m×1.2m；其他图表尺寸宜为 0.6m×1.0m。

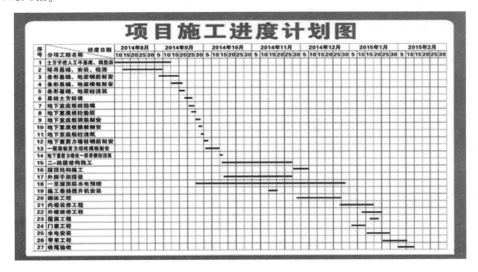

图 5 - 3 - 10（一）　会议室各类图表实例图

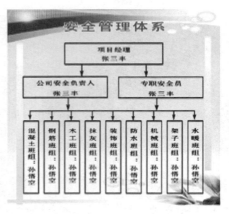

图 5-3-10(二)　会议室各类图表实例图

六、办公室

(一) 工作内容及时限

办公室根据职能划分及人员数量布置,在项目进场后开工前完成,如图 5-3-11 和图 5-3-12 所示。

(二) 工作要求

(1) 办公室净高不低于 2.6m,集中办公时人均面积不小于 5m²,墙体和顶棚白色,门窗齐全,室内地面铺瓷砖或地板。

(2) 门上部设门牌,材质可为 KT 板,尺寸宜为 0.3m×0.12m,印"××部(室)"。室门右侧上部设人员去向牌,尺寸宜为 0.36m×0.24m,小型工程可不设。

图 5-3-11　办公室设置实例

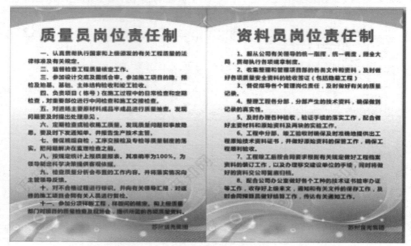

图 5-3-12　制度上墙实例图

（3）各办公室内悬挂相应的图牌，内容为岗位职责、有关制度等，尺寸宜为0.6m×1.0m。

（4）办公室应设施良好，文件资料归档整齐。

七、资料室

（一）工作内容及时限

资料室应设置档案柜、工作桌椅及制度牌等，可在项目进场后开工前布设完成，如图5-3-13所示。

（二）工作要求

（1）资料室应布置在底层，需具备防火、防盗、防虫、防潮、防光、防高温、防御有害生物等相应措施。

图5-3-13 资料室实例图

（2）大小应考虑存放资料类别及数量，同时应考虑人员办公的位置，含两张办公桌。

（3）按资料的分类及资料数量设置一定数量的资料柜，资料柜宜采用角钢制作，门窗安装透明玻璃。

（4）室内挂设相应的管理制度，尺寸宜为0.6m×1.0m，如图5-3-14所示。

（5）小型水利工程可不单独设置档案室，但应做好档案规整工作。

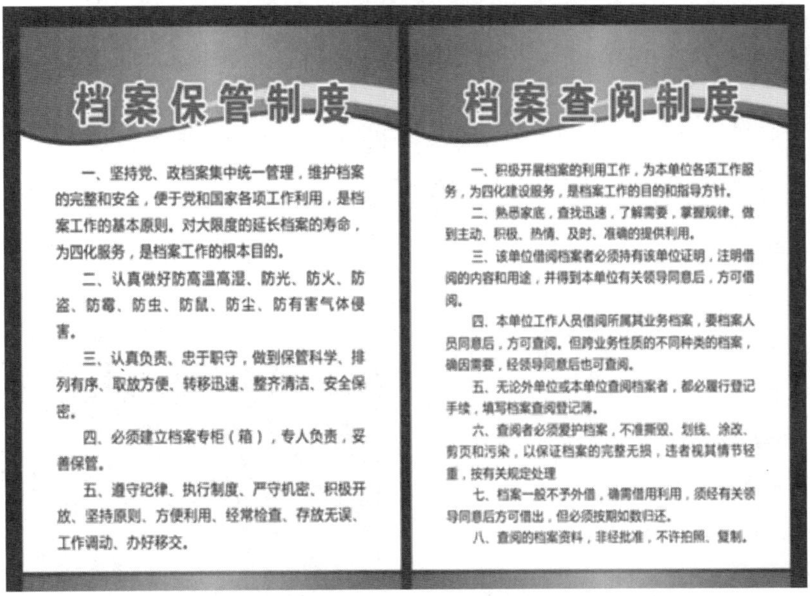

图5-3-14 制度上墙实例图

八、卫生间

（一）工作内容及时限

办公区应设卫生间，与办公用房同时搭设完成，如图5-3-15所示。

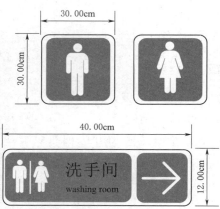

图 5-3-15　卫生间实例图

（二）工作要求

（1）卫生间可采用活动板房搭设，内外 1：2 水泥砂浆抹灰，地面铺设防滑地砖，墙裙高 1.8m 粘贴瓷砖，上部墙面用白色涂料粉刷。

（2）须分别设置男女卫生间，大小根据人员数量设置。

（3）卫生间必须设置可冲洗式便池，卫生间内应当定期悬挂或投放除臭球，定期喷洒灭蝇虫药剂。

（4）卫生间门、窗、照明设施应当齐全，窗户应安装百叶窗，通风透气；卫生间应有符合抗渗要求的带盖化粪池，污水应经化粪池后排入管网。

（5）卫生间小便槽、便池之间必须设置隔板，便池隔板高度不得低于 2m。

（6）卫生间应标识清晰，设置相应的铭牌。

九、旗台

（一）工作内容及时限

旗台宜设于办公区正对大门的中心位置，在项目进场后开工前完成，如图 5-3-16 和图 5-3-17 所示。

（二）工作要求

（1）旗台前方留有足够空间举行升旗仪式。

（2）旗杆不宜少于 3 根，包括挂国旗、水利旗和公司旗。国旗旗杆高 8m，居中，另两根旗杆高 7.2m。

图 5-3-16　旗台实例图

（3）旗台高度宜为 1m，长度宜为 4.0m，底宽宜为 1.4m，顶宽宜为 0.6m。

（4）旗台外立面可采用大理石板镶贴。正对大门方向印公司司标与公司名称字样，字体大小适中。鼓励使用可周转、重复使用的材料搭设旗台。

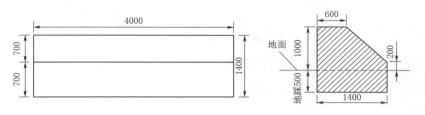

图 5-3-17　旗台示意图（单位：mm）

（5）旗台周围可做花坛或摆放花草、盆景装点，美化环境。

十、现场导向牌

（一）工作内容及时限

现场主要岔路口处宜设置导向牌。应在进场后开工前设立完成，如图 5-3-18 所示。

（二）工作要求

（1）导向牌应美观大方，立于混凝土底座上。

（2）宜用不锈钢制作，整体尺寸宜为高 1.8m，宽 0.8m。

（3）导向标识尺寸宜为 0.6m×0.1m。立柱直径不宜小于 60mm。

（4）导向牌整体背景应为水利蓝，字体大小适中，可为白色，标识箭头可为红色。

（5）小型工程可不设置现场导向牌。

十一、停车场（棚）

（一）工作内容及时限

办公区宜根据停车需要，在大门入口处两侧设置停车场或停车棚，应在项目进场后开工前完成，如图 5-3-19 和图 5-3-20 所示。

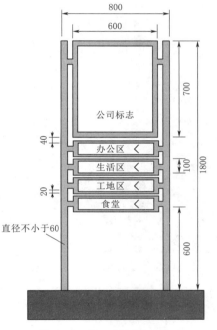

图 5-3-18　现场导向牌
示意图（单位：mm）

（二）工作要求

（1）车位数量满足日常需要，并有 4～6 个空余车位。

（2）停车场车位应固定区域集中设置，对于存在混凝土硬化的停车位应采用黄色油漆划分，每个车位可设置轮胎定位器。

（3）停车棚宜采用钢结构、膜结构等搭设，做到牢固、大方、美观。

（4）停车位的设置不得影响宣传标牌的展示、不得阻碍人员和车辆通行。

（5）小型工程可不设置车棚，但做好车位划分，并设置轮胎定位器。

图 5-3-19　停车棚实例图　　　　　图 5-3-20　停车位实例图

十二、环境绿化

(一) 工作内容及时限

办公区域应设置花坛、花盘，墙边角、停车场应种植绿色植被，在项目进场后开工前完成，如图 5-3-21 所示。

图 5-3-21　办公区、生活区绿化实例图

(二) 工作要求

(1) 在旗台两侧、办公室、会议室等窗前设置花坛，花坛可以与花盆相互交叉设置，花坛、花盆的设置不得影响交通。

(2) 绿色植被应统一种植，选择耐干、耐涝、生命力强的常青植物种植，植物搭配美观。

(3) 大中型工程环境绿化面积不宜小于办公、生活区的面积的 15%；小型工程环境绿化面积不宜小于办公区、生活区面积的 10%。

十三、宣传栏

(一) 工作内容及时限

项目部显眼位置应设置宣传栏。宣传栏可在施工期内根据需要逐步设置、更换。

（二）工作要求

（1）大中型工程宣传栏不宜少于 8 块；小型工程宣传栏不少于 3 块，应包含党建宣传栏及企务公开栏。

（2）宣传牌大小宜为 2.0m×1.0m，底部至地面高可为 0.8m。

（3）宣传牌上部顶端 10cm 为蓝底白字"组合徽标＋××集团公司"，中间部位根据宣传内容设置。

（4）标牌架体可采用白钢制作，立柱外径宜为 80mm，橱窗大小可为 2.14m×1.1m，内设蓝色边框，大小可为 7cm 蓝色边框。架体顶端宜设遮雨棚。

（5）有条件的可在办公楼门厅上方及会议室配置条形电子屏，尺寸可为 6m×0.45m，也可在办公区显眼位置处单独设置方形电子屏，尺寸不宜小于 2.4m×1.2m，如图 5-3-22 所示。

图 5-3-22　宣传栏实例图

十四、办公区消防设施

（一）工作内容及时限

办公区应根据消防相关规范布置消防设施，与办公区建设同时完成，如图 5-3-23 和图 5-3-24 所示。

图 5-3-23　消防设施实例图

图 5-3-24　灭火器及责任牌实例图

（二）工作要求

（1）消防通道净宽及净空高度均不应小于 4m。

（2）按 50~100m² 配备一组灭火器，灭火器规格、种类配置应符合规范要求，灭火器箱外贴使用说明及防火责任人告示牌，告示牌采用 KT 板制作，尺寸宜为 30cm×20cm，箱内挂检查卡，每月一次检查，同时应设置消防砂池、消防栓，配备消防桶 4 个、消防铲 4 把，消防砂池尺寸不宜小于 1.5m×1.2m，高度可为 0.8m。

第四节 生活区标准化

一、一般规定

(1) 生活区应选址合理，与施工生产区及危险源有足够的安全距离。

(2) 统一规划、集中设置、设施齐全，满足现场人员学习、生活需要，在开工前建成。

(3) 施工管理人员宿舍与施工作业人员宿舍应分开设置；小型工程管理人员宿舍可根据需要设置在办公区，但不能与办公场所处于同一楼层。

(4) 大中型工程合同额大于1亿元的标段，生活区占地面积不宜小于1500m²；合同额1亿元以下的标段，生活区占地面积不宜小于1000m²，现场供地确有困难或现场住宿人数较少的，可因地制宜适当调整，但整体布设应尽可能方正、大方、美观。小型工程占地面积可按照实际需要确定，应做到大方、美观。

(5) 生活区应包含宿舍、食堂、盥洗沐浴室、卫生间等，其中卫生间的标准化参照办公区设置。

(6) 生活区参照办公区设置围墙、场地硬化、排水、环境绿化以及消防设施等。

生活区整体布局参考图如图5-4-1所示。

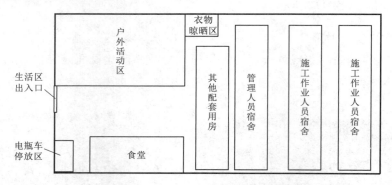

图5-4-1 生活区整体布局参考图

二、宿舍

(一) 工作内容及时限

宿舍数量根据作业人员的数量设置，在项目进场后开工前完成，如图5-4-2所示。

(二) 工作要求

(1) 宿舍需坚固、美观，门窗齐全，保证通风，卫生材料吊顶，地面硬化防潮。管理与作业人员宿舍应分开布置。

(2) 保证每人（可上下）单床，禁止通铺或钢管搭设上下床铺，住宿人员人均面积不应小于2.5m²，其单间宿舍不宜超过6人。

(3) 每间宿舍宜设室长，设有生活用品放置处、脸盆架，生活用品应放置整齐，每间宿舍需设有空调。

（a）室内

（b）室外

图 5-4-2　民工宿舍实例图

（4）内外环境应安全、卫生、清洁，室外设有标识的垃圾箱，由专人清扫。

（5）宿舍内挂设治安、卫生、防火管理制度，宿舍人员名单应上墙。严禁男女混住，项目部根据情况，设置若干夫妻房和探亲房。管理制度牌尺寸宜为 0.6m×1.0m，宿舍人员名单牌尺寸宜为 0.8m×0.4m，如图 5-4-3 所示。宿舍制度如图 5-4-4 所示。

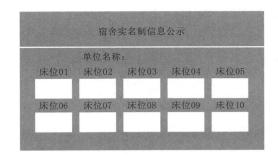

图 5-4-3　宿舍人员名单上墙示例图

图 5-4-4　宿舍制度实例图

（6）每个铺位床头统一布设两孔、三孔组合式插座，禁止私自拉设电线，可设置 220V 集中充电区，安排专人管理。宿舍区应统一设置限流装置。

（7）宿舍周边 20m 内禁止电动自行车以及其他较大用电装置充电。

（8）每 50～100m² 至少配备一组灭火器。

三、盥洗沐浴间

（一）工作内容及时限

盥洗沐浴间与作业人员宿舍同时布置，在项目进场后开工前完成，如图 5-4-5 和图

5-4-6所示。

图5-4-5　盥洗室实例图

（二）工作要求

（1）生活区分设男女浴室，高度不应低于2.4m，墙壁及屋顶应封闭严密，室内墙壁满贴瓷砖，地面满贴防滑地砖，并设置必要的更衣挂钩和皂台等。

（2）盥洗室应设置盥洗池和水嘴，数量适中，并配置洗衣机、饮用热水器等设备。

（3）盥洗室、浴室内应做好排水处理，地面不得积水。

图5-4-6　沐浴室实例图

（4）男女浴室门前需设置铭牌，铭牌可为写真加KT板包边等。

四、食堂

（一）工作内容及时限

食堂根据作业人员的数量设置，在项目进场后开工前完成，如图5-4-7～图5-4-12所示。

图5-4-7　食堂餐厅实例图　　　　图5-4-8　灭蝇灯实例图

图 5-4-9 食堂制作间实例图

图 5-4-10 餐具柜实例图

图 5-4-11 食堂制度上墙实例

图 5-4-12 健康证实例图

（二）工作要求

（1）食堂搭设材料必须符合环保和消防要求，与厕所、垃圾站、有毒有害场所等污染源的距离应大于 30m，并应设置在上述场所的上风侧（地区主导风向）。

（2）食堂顶棚、墙壁、地面使用防霉、防潮、防水材料，地面做硬化和防滑处理。

（3）配备必要的排风设施、冷藏设施、消毒保洁以及消防防火设施，配备有效的防蝇、防鼠、防尘设施和符合卫生要求的废弃物处理设施。

（4）大中型工程食堂制作间、售卖间和储藏间应分隔设置，小型工程如空间有限，制作间、储藏间可不予区分；灶台、操作台及周边墙面 1.8m 以下应贴瓷砖，门扇下方应设不低于 0.5m 的防鼠挡板，操作间的下水管道应与污水管线连接。

（5）厨具宜存放在封闭的橱柜内，并应生熟分开，用红（动物类）、蓝（水产类）、绿（植物类）三色进行区分；食品应有遮盖，遮盖物品应有正反面标识；各种佐料和副食应存放在密闭器皿内，并应有标识。食堂外应设置密封式泔水桶，及时清运并保持清洁。

（6）食堂宜使用电炊具。使用燃气时，燃气罐应单独设置存放间并装设燃气报警装置，存放间应通风良好，严禁存放其他物品。

（7）食堂纱门、纱窗、纱罩齐全，炊事人员健康证应上墙，并挂设职工食堂用餐须知及食堂管理制度牌。炊事员穿戴洁净的工作服、工作帽和口罩，并应保持个人卫生。

五、晒衣房

（一）工作内容及时限

生活区宜设置专门的晒衣房，方便施工人员晾晒衣服，与作业人员宿舍建设同时完成，如图 5-4-13 所示。

图 5-4-13　晒衣房实例图

（二）工作要求

（1）晾衣架顶棚可设置透明防雨棚。

（2）晾衣架应采用不锈钢（槽钢）制作，样式不限。

（3）地面应采用透水性材料铺设。

六、文娱设施

（一）工作内容及时限

生活区可根据实际情况设置相应的文娱设施，在项目进场后开工前完成，如图 5-4-14 和图 5-4-15 所示。

图 5-4-14　室外活动场地　　　　　　　图 5-4-15　室内娱乐活动室

（二）工作要求

（1）生活区内根据实际情况设置室内娱乐活动室和室外娱乐活动场地，活动室内可适当配备电视机、棋盘、台球桌、乒乓球台等其他文娱设施。

（2）室外场地包括篮球场、羽毛球场（宜合建），地面夯实后需硬化，场地平整，不得积水，篮球、羽毛球设施按照国家标准尺寸进行划线和安装。

（3）大中型工程需设置室内及室外活动设施，小型工程可根据实际情况选择其中一项进行设置。

图5-4-16 民工学校实例图

七、民工学校

（一）工作内容及时限

民工学校教室宜设置在生活区，供项目管理人员及民工培训、教育、学习，也可与会议室共用，如图5-4-16和图5-4-17所示。

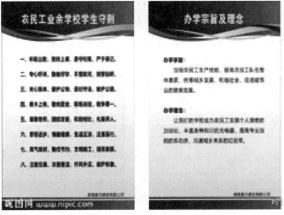

图5-4-17 民工学校制度实例图

（二）工作要求

（1）大中型工程民工学校教室面积不宜小于 $50m^2$，小型工程不宜小于 $30m^2$。应配备足够的座椅及必要的教学工具如黑板、投影仪、电视机等。

（2）教室门口悬挂民工学校牌匾，牌匾材质可为不锈钢，尺寸宜为 $0.36m×0.24m$。

（3）室内墙面悬挂民工学校章程、教学管理制度、学员守则、教学计划、宣传栏等。

八、职工书屋

（一）工作内容及时限

可根据需要单独设置职工书屋，也可设置于民工学校教室的一角（民工学校单独设置的），如图 5-4-18 和图 5-4-19 所示。

图 5-4-18 制度及名牌实例图

（二）工作要求

（1）单独设置的职工书屋面积不宜小于 $20m^2$。

（2）屋内至少配备 2 个书柜及一定数量的供阅读用的桌椅。

（3）购置的图书包括技术刊物、文学杂志、报纸等。

（4）屋内需设置相应的学习标语及管理制度，制度牌尺寸宜为 $0.6m×1.0m$。

（5）小型工程可不设置职工书屋。

图 5-4-19 职工书屋实例图

九、垃圾分类

（一）工作内容及时限

生活区垃圾应按规定要求分类处置。垃圾分类设施应与生活区建设同时完成。

（二）工作要求

（1）生活区垃圾分类的标准应按工程所在地具体规定执行。

（2）按工程所在地规定，根据垃圾类型设置不同颜色的垃圾桶，做到垃圾分类投放。垃圾桶桶身需印有对应垃圾类型的示意图，如图 5-4-20 所示。

图 5-4-20　垃圾分类实例图

（3）生活区应设置固定的垃圾投放点。每次清运时间不宜超过 1 天。

十、生活区消防设施

（一）工作内容及时限

生活区应根据消防相关规范布置消防设施，与生活区建设同时完成，如图 5-4-21 所示。

图 5-4-21　集中充电区

（二）工作要求

（1）消防通道宽度不小于 4m。

（2）按 50～100m² 配备一组灭火器，灭火器规格、种类配置应符合规范要求，灭火器箱外贴使用说明及防火责任人告示牌，告示牌采用 KT 板制作，尺寸宜为 30cm×20cm，箱内挂检查卡，每月一次检查，同时应设置消防栓、消防桶、消防铲、消防砂池等，如生活区与办公区相距较近，则消防砂池、消防铲、消防桶可与办公区共用。

（3）电动车使用较多的生活区应设置电动车集中充电点，充电区应设置灭火器等消防设施，充电插座应安装充电保护装置。

第五节　建设管理数字化

一、一般规定

（1）因地制宜推进"工程带数字化"行动，充分利用视频监控、智能控制、BIM 技术、数字化管理平台等先进技术手段，推进水利工程建设信息化、智能化。

（2）大力推进工程建设可视化，积极开展远程视频监控建设。

（3）因地制宜地推进工程建设智能控制技术的应用，积极引进智能化施工技术及现场管理技术。

（4）积极引入 BIM 技术，为设计施工协同、施工仿真等提供支撑，实现各类信息的三维系统交互、管理与建设过程仿真。

（5）因地制宜地开发项目数字化管理平台。

二、网络通信及视频监控

（一）工作内容及时限

施工现场、项目部等应设置通信网络并布置视频监控设施。网络通信及视频监控应在进场后正式施工前布设完成，如图 5-5-1 所示。

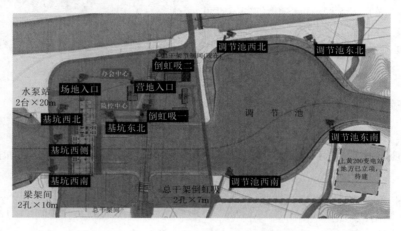

图 5-5-1 视频监控布设实例图

（二）工作要求

（1）办公区、生活区应设置相应的无线路由器，做到 WiFi 全覆盖。

（2）办公区、生活区、生产区周边需安装一定数量的摄像头，做到项目营区、施工道路、场区视频监控全覆盖。摄像头需有夜视功能。

（3）大中型工程应设监控室一间，需有专人管理；小型工程可根据实际与门卫室等其他场所并用。

（4）摄像头布设、配置及监控系统设置需满足《浙江省水利工程视频监控系统建设技术规程（试行）》（浙水信〔2016〕2 号）相关要求。

三、智能控制技术

（一）工作内容及时限

有条件的工程应积极推进智能控制技术应用，对水利建设工程的人员、物料、设备、质量、安全、环境、工艺（工法）、安全度汛、安全监测等方面采用数字化的方法，实现项目管理信息化、精细化，提升工程管理水平。

（二）工作要求

（1）鼓励采用质量、安全智能控制技术。大体积混凝土可安装无线测温装置及养护室

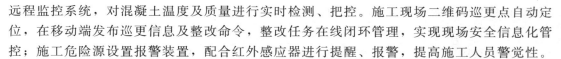

远程监控系统，对混凝土温度及质量进行实时检测、把控。施工现场二维码巡更点自动定位，在移动端发布巡更信息及整改命令，整改任务在线闭环管理，实现现场安全信息化管控；施工危险源设置报警装置，配合红外感应器进行提醒、报警，提高施工人员警觉性。

（2）进一步推行设备管理智能控制技术，可在塔吊、缆机、施工电梯等重要设备中安装智能控制系统，实现塔吊与缆机的防碰撞监控、运行监测、吊钩可视化，施工电梯实时监控等功能，保障施工现场大型机械设备安全作业。

（3）积极推动智能化物料管控，可通过安装智能地磅和车辆进出管理系统等，实现物料实时管控。

（4）积极推动环境监测的智能化，引入智能控制技术实时监测手段，提升对有毒有害气体、粉尘、噪声等环境因素的监测水平。

（5）进一步加强人员管理信息化，积极采取"人脸识别"智能门禁系统、安全帽定位系统等信息化手段，提升人员管理水平。

（6）积极推动工程建设期工程安全监测应用，建设信息采集、分析、预警联动的管理体系。

四、数字化管理平台

（一）工作内容及时限

有条件的工程可开发项目数字化管理平台，实现数字化管理平台与视频监控、BIM技术和智能技术应用的一体化融合，提升项目信息化管理水平，并做好与省市县数字化管理平台的衔接。应在工程开工前完成平台建设，并完成工程前期台账、信息补充完善。

（二）工作要求

（1）有条件的水利建设工程，可根据本工程实际，因地制宜地开发项目数字化管理平台，实现资金、进度、质量、安全、合同、档案等业务的信息化管理，提升项目管理信息化水平。

（2）建设期各类自动化监测感知设备需在数字化管理平台中实现一体化集成，实现各类数据实时查询与联动。

（3）与BIM技术有机结合，实现工程信息的数字化、可视化表达，推动建设管理无纸化办公。

（4）做好本项目数字化管理平台与省市县数字化管理平台的对接，实现跨平台数据交换、信息共享和业务协同。

（5）水利工程各参建单位应按照水利厅有关文件要求注册"浙里九龙联动治水"—"透明工程"，及时填报录入相关工程信息，填报的数据应该全面、完整、准确，并符合相关规定要求。

五、BIM技术

（一）工作内容及时限

有条件的工程可积极引入BIM技术，实现建设项目施工阶段工程进度、费用、人力、材料、设备、环境和场地布置的动态集成管理及施工过程的可视化模拟。施工人员在施工

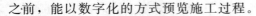

之前，能以数字化的方式预览施工过程。

（二）工作要求

（1）设置用于 BIM 系统管理的办公室一间，可与视频监控室共用。

（2）宜包含施工现场可视化展示、三维场地管理、工程量快速提取、虚拟施工管理、质量安全管理等基本功能。

（3）可实现动态、集成和可视化的施工管理。将建筑物及施工现场三维模型与施工进度相链接，并与施工资源和场地布置信息集成一体。

（4）推进以 BIM 技术为基础的设计施工协同、施工模拟仿真等功能应用建设。

第六章
安全防护标志

第一节　安　全　标　志

一、禁止标志

禁止标志是禁止人们不安全行为的图形标志，基本形式是带斜杠的圆边框，如图 6-1-1 所示。

禁止标志基本型式的参数：

外径 $d_1＝0.025L$；

内径 $d_2＝0.800d_1$；

斜杠宽 $c＝0.080d_2$；

斜杠与水平线的夹角 $\alpha＝45°$；

L 为观察距离（见附录 A）。

禁止标志见表 6-1-1。

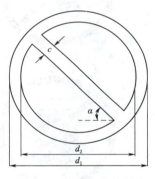

图 6-1-1　禁止标志的基本型式

表 6-1-1　　　　　　　禁　止　标　志

编号	图形标志	名　称	标志种类	设 置 范 围 和 地 点
1-1		禁止吸烟 No smoking	H	有甲、乙、丙类火灾危险物质的场所和禁止吸烟的公共场所等，如：木工车间、油漆车间、沥青车间、纺织厂、印染厂等
1-2		禁止烟火 No burning	H	有甲、乙、丙类火灾危险物质的场所，如：面粉厂、煤粉厂、焦化厂、施工工地等

续表

编号	图形标志	名　称	标志种类	设置范围和地点
1-3		禁止带火种 No kindling	H	有甲类火灾危险物质及其他禁止带火种的各种危险场所，如：炼油厂、乙炔站、液化石油气站、煤矿井内、林区、草原等
1-4		禁止用水灭火 No extinguishing with water	H.J	生产、储运、使用中有不准用水灭火的物质的场所，如：变压器室、乙炔站、化工药品库、各种油库等
1-5		禁止放置易燃物 No laying inflammable thing	H.J	具有明火设备或高温的作业场所，如：动火区，各种焊接、切割、锻造、浇注车间等场所
1-6		禁止堆放 No stocking	J	消防器材存放处，消防通道及车间主通道等
1-7		禁止启动 No starting	J	暂停使用的设备附近，如：设备检修、更换零件等

续表

编号	图形标志	名 称	标志种类	设置范围和地点
1-8		禁止合闸 No switching on	J	设备或线路检修时，相应开关附近
1-9		禁止转动 No turning	J	检修或专人定时操作的设备附近
1-10		禁止叉车和厂内机动车辆通行 No access for fork lift trucks and other industrial vehicles	J.H	禁止叉车和其他厂内机动车辆通行的场所
1-11		禁止乘人 No riding	J	乘人易造成伤害的设施，如：室外运输吊篮、外操作载货电梯框架等
1-12		禁止靠近 No nearing	J	不允许靠近的危险区域，如：高压试验区、高压线、输变电设备的附近

续表

编号	图形标志	名　称	标志种类	设置范围和地点
1-13		禁止入内 No entering	J	易造成事故或对人员有伤害的场所，如：高压设备室、各种污染源等入口处
1-14		禁止推动 No pushing	J	易于倾倒的装置或设备，如：车站屏蔽门等
1-15		禁止停留 No stopping	H. J	对人员具有直接危害的场所，如：粉碎场地、危险路口、桥口等处
1-16		禁止通行 No thoroughfare	H. J	有危险的作业区，如：起重、爆破现场，道路施工工地等
1-17		禁止跨越 No striding	J	禁止跨越的危险地段，如：专用的运输通道、带式输送机和其他作业流水线，作业现场的沟、坎、坑等

续表

编号	图形标志	名　称	标志种类	设置范围和地点
1-18		禁止攀登 No climbing	J	不允许攀爬的危险地点，如：有坍塌危险的建筑物、构筑物、设备旁
1-19		禁止跳下 No jumping down	J	不允许跳下的危险地点，如：深沟、深池、车站站台及盛装过有毒物质、易产生窒息气体的槽车、贮罐、地窖等处
1-20		禁止伸出窗外 No stretching out of the window	J	易于造成头手伤害的部位或场所，如：公交车窗、火车车窗等
1-21		禁止倚靠 No leaning	J	不能依靠的地点或部位，如：列车车门、车站屏蔽门、电梯轿门等
1-22		禁止坐卧 No sitting	J	高温、腐蚀性、塌陷、坠落、翻转、易损等易于造成人员伤害的设备设施表面

续表

编号	图形标志	名　称	标志种类	设置范围和地点
1－23		禁止蹬踏 No steeping on surface	J	高温、腐蚀性、塌陷、坠落、翻转、易损等易于造成人员伤害的设备设施表面
1－24		禁止触摸 No touching	J	禁止触摸的设备或物体附近，如：裸露的带电体，炽热物体，具有毒性、腐蚀性物体等处
1－25		禁止伸入 No reaching in	J	易于夹住身体部位的装置或场所，如：有开口的传动机、破碎机等
1－26		禁止饮用 No drinking	J	禁止饮用水的开关处，如：循环水、工业用水、污染水等
1－27		禁止抛物 No tossing	J	抛物易伤人的地点，如：高处作业现场，深沟（坑）等

续表

编号	图形标志	名　称	标志种类	设 置 范 围 和 地 点
1－28		禁止戴手套 No putting on gloves	J	戴手套易造成手部伤害的作业地点，如：旋转的机械加工设备附近
1－29		禁止穿化纤服装 No putting on chemical fibre clothings	H	有静电火花会导致灾害或有炽热物质的作业场所，如：冶炼、焊接及有易燃易爆物质的场所等
1－30		禁止穿带钉鞋 No putting on spikes	H	有静电火花会导致灾害或有触电危险的作业场所，如：有易燃易爆气体或粉尘的车间及带电作业场所
1－31		禁止开启无线 移动通信设备 No activated mobile phones	J	火灾、爆炸场所以及可能产生电磁干扰的场所，如：加油站、飞行中的航天器、油库、化工装置区等
1－32		禁止携带金属物 或手表 No metallic articles or watches	J	易受到金属物品干扰的微波和电磁场所，如：磁共振室等

续表

编号	图形标志	名 称	标志种类	设 置 范 围 和 地 点
1－33		禁止佩戴心脏 起搏器者靠近 No access for persons with pacemakers	J	安装人工起搏器者禁止靠近高压 设备、大型电机、发电机、电动 机、雷达和有强磁场设备等
1－34		禁止植入金属 材料者靠近 No access for persons with metallic implants	J	易受到金属物品干扰的微波和电 磁场所，如：磁共振室等
1－35		禁止游泳 No swimming	H	禁止游泳的水域
1－36		禁止滑冰 No skating	H	禁止滑冰的场所
1－37		禁止携带武器 及仿真武器 No carrying weapons and emulating weapons	H	不能携带和托运武器、凶器和仿 真武器的场所或交通工具，如：飞 机等

续表

编号	图形标志	名称	标志种类	设置范围和地点
1-38		禁止携带托运 易燃及易爆物品 No carrying flammable and explosive materials	H	不能携带和托运易燃、易爆物品 及其他危险品的场所或交通工具， 如：火车、飞机、地铁等
1-39		禁止携带托运 有毒物品及 有害液体 No carrying poisonous materials and harmful liquid	H	不能携带托运有毒物品及有害液 体的场所或交通工具，如：火车、 飞机、地铁等
1-40		禁止携带托运 放射性及磁性物品 No carrying radioactive and magnetic materials	H	不能携带托运放射性及磁性物品 的场所或交通工具，如：火车、飞 机、地铁等

二、警告标志

警告标志是提醒人们对周围环境引起注意，以避免可能发生危险的图形标志。警告标志的基本型式是正三角形边框，如图 6-1-2 所示。

警告标志基本型式的参数：

外边 $a_1 = 0.034L$；

内边 $a_2 = 0.700a_1$；

边框外角圆弧半径 $r = 0.080a_2$；

L 为观察距离（见附录 A）。

警告标志见表 6-1-2。

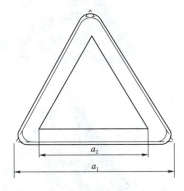

图 6-1-2 警告标志的基本型式

表 6 – 1 – 2　　　　　　　　　　警　告　标　志

编号	图形标志	名　　称	标志种类	设置范围和地点
2－1		注意安全 Warning danger	H．J	易造成人员伤害的场所及设备等
2－2		当心火灾 Warning fire	H．J	易发生火灾的危险场所，如：可燃性物质的生产、储运、使用等地点
2－3		当心爆炸 Warning explosion	H．J	易发生爆炸危险的场所，如：易燃易爆物质的生产、储运、使用或受压容器等地点
2－4		当心腐蚀 Warning corrosion	J	有腐蚀性物质（GB 12268—2005 中第 8 类所规定的物质）的作业地点
2－5		当心中毒 Warning poisoning	H．J	剧毒品及有毒物质（GB 12268—2005 中第 6 类第 1 项所规定的物质）的生产、储运及使用地点

续表

编号	图形标志	名 称	标志种类	设置范围和地点
2-6		当心感染 Warning infection	H. J	易发生感染的场所，如：医院传染病区；有害生物制品的生产、储运、使用等地点
2-7		当心触电 Warning electric shock	J	有可能发生触电危险的电器设备和线路，如：配电室、开关等
2-8		当心电缆 Warning cable	J	有暴露的电缆或地面下有电缆处施工的地点
2-9		当心自动启动 Warning automatic start-up	J	配有自动启动装置的设备
2-10		当心机械伤人 Warning mechanical injury	J	易发生机械卷入、轧压、碾压、剪切等机械伤害的作业地点

续表

编号	图形标志	名　称	标志种类	设置范围和地点
2-11		当心塌方 Warning collapse	H.J	有塌方危险的地段、地区，如：堤坝及土方作业的深坑、深槽等
2-12		当心冒顶 Warning roof fall	H.J	具有冒顶危险的作业场所，如：矿井、隧道等
2-13		当心坑洞 Warning hole	J	具有坑洞易造成伤害的作业地点，如：构件的预留孔洞及各种深坑的上方等
2-14		当心落物 Warning falling objects	J	易发生落物危险的地点，如：高处作业、立体交叉作业的下方等
2-15		当心吊物 Warning overhead load	J.H	有吊装设备作业的场所，如：施工工地、港口、码头、仓库、车间等

编号	图形标志	名 称	标志种类	设 置 范 围 和 地 点
2-16		当心碰头 Warning overhead obstacles	J	有产生碰头的场所
2-17		当心挤压 Warning crushing	J	有产生挤压的装置、设备或场所，如：自动门、电梯门、车站屏蔽门等
2-18		当心烫伤 Warning scald	J	具有热源易造成伤害的作业地点，如：冶炼、锻造、铸造、热处理车间等
2-19		当心伤手 Warning injure hand	J	易造成手部伤害的作业地点，如：玻璃制品、木制加工、机械加工车间等
2-20		当心夹手 Warning hands pinching	J	有产生挤压的装置、设备或场所，如：自动门、电梯门、列车车门等

续表

编号	图形标志	名　称	标志种类	设置范围和地点
2-21		当心扎脚 Warning splinter	J	易造成脚部伤害的作业地点，如：铸造车间、木工车间、施工工地及有尖角散料等处
2-22		当心有犬 Warning guard dog	H	有犬类作为保卫的场所
2-23		当心弧光 Warning arc	H.J	由于弧光造成眼部伤害的各种焊接作业场所
2-24		当心高温表面 Warning hot surface	J	有灼烫物体表面的场所
2-25		当心低温 Warning low temperature/ freezing conditions	J	易于导致冻伤的场所，如：冷库、汽化器表面、存在液化气体的场所等

续表

编号	图形标志	名 称	标志种类	设 置 范 围 和 地 点
2－26		当心磁场 Warning magnetic field	J	有磁场的区域或场所，如：高压变压器、电磁测量仪器附近等
2－27		当心电离辐射 Warning ionizing radiation	H.J	能产生电离辐射危害的作业场所，如：生产、储运、使用 GB 12268—2005 规定的第 7 类物质的作业区
2－28		当心裂变物质 Warning fission matter	J	具有裂变物质的作业场所，如：其使用车间、储运仓库、容器等
2－29		当心激光 Warning laser	H.J	有激光产品和生产、使用、维修激光产品的场所（激光辐射警告标志常用尺寸规格见附录 B）
2－30		当心微波 Warning microwave	H	凡微波场强超过 GB 10436、GB 10437 规定的作业场所

续表

编号	图形标志	名　称	标志种类	设置范围和地点
2−31		当心叉车 Warning fork lift trucks	J.H	有叉车通行的场所
2−32		当心车辆 Warning vehicle	J	厂内车、人混合行走的路段，道路的拐角处，平交路口；车辆出入较多的厂房、车库等出入口
2−33		当心火车 Warning train	J	厂内铁路与道路平交路口，厂（矿）内铁路运输线等
2−34		当心坠落 Warning drop down	J	易发生坠落事故的作业地点，如：脚手架、高处平台、地面的深沟（池、槽）、建筑施工、高处作业场所等
2−35		当心障碍物 Warning obstacles	J	地面有障碍物，绊倒易造成伤害的地点

续表

编号	图形标志	名　称	标志种类	设 置 范 围 和 地 点
2－36		当心跌落 Warning drop（fall）	J	易于跌落的地点，如：楼梯、台阶等
2－37		当心滑倒 Warning slippery surface	J	地面有易造成伤害的滑跌地点，如：地面有油、冰、水等物质及滑坡处
2－38		当心落水 Warning falling into water	J	落水后有可能产生淹溺的场所或部位，如：城市河流、消防水池等
2－39		当心缝隙 Warning gap	J	有缝隙的装置、设备或场所，如：自动门、电梯门、列车等

三、指令标志

指令标志是强制人们必须做出某种动作或采用防范措施的图形标志。指令标志的基本型式是圆形边框，如图6－1－3所示。

指令标志基本型式的参数：

直径 $d = 0.025L$；

L 为观察距离（见附录A）。

指令标志见表6－1－3。

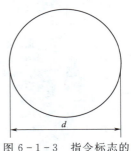

图6－1－3　指令标志的基本型式

表 6 - 1 - 3　　　　　　　　　**指 令 标 志**

编号	图形标志	名 称	标志种类	设置范围和地点
3 - 1		必须戴防护眼镜 Must wear protective goggles	H.J	对眼镜有伤害的各种作业场所和施工场所
3 - 2		必须佩戴遮光护目镜 Must wear opaque eye protection	J.H	存在紫外、红外、激光等光辐射的场所，如：电气焊等
3 - 3		必须戴防尘口罩 Must wear dustproof mask	H	具有粉尘的作业场所，如：纺织清花车间、粉状物料拌料车间以及矿山凿岩处等
3 - 4		必须戴防毒面具 Must wear gas defence mask	H	具有对人体有害的气体、气溶胶、烟尘等作业场所，如：有毒物散发的地点或处理由毒物造成的事故现场
3 - 5		必须戴护耳器 Must wear ear protector	H	噪声超过 85dB 的作业场所，如：铆接车间、织布车间、射击场、工程爆破、风动掘进等处

续表

编号	图形标志	名　　称	标志种类	设置范围和地点
3－6		必须戴安全帽 Must wear safety helmet	H	头部易受外力伤害的作业场所，如：矿山、建筑工地、伐木场、造船厂及起重吊装处等
3－7		必须戴防护帽 Must wear protective cap	H	易造成人体碾绕伤害或有粉尘污染头部的作业场所，如：纺织、石棉、玻璃纤维以及具有旋转设备的机加工车间等
3－8		必须系安全带 Must fastened safety belt	H．J	易发生坠落危险的作业场所，如：高处建筑、修理、安装等地点
3－9		必须穿救生衣 Must wear life jacket	H．J	易发生溺水的作业场所，如：船舶、海上工程结构物等
3－10		必须穿防护服 Must wear protective clothes	H	具有放射、微波、高温及其他需穿防护服的作业场所

编号	图形标志	名　称	标志种类	设 置 范 围 和 地 点
3－11		必须戴防护手套 Must wear protective gloves	H.J	易伤害手部的作业场所，如：具有腐蚀、污染、灼烫、冰冻及触电危险的作业等地点
3－12		必须穿防护鞋 Must wear protective shoes	H.J	易伤害脚部的作业场所，如：具有腐蚀、灼烫、触电、砸（刺）伤等危险的作业地点
3－13		必须洗手 Must wash your hands	J	解除有毒有害物质作业后
3－14		必须加锁 Must be locked	J	剧毒品、危险品库房等地点
3－15		必须接地 Must connect an earth terminal to the ground	J	防雷、防静电场所

续表

编号	图形标志	名　称	标志种类	设置范围和地点
3－16		必须拔出插头 Must disconnect mains plug from electrical outlet	J	在设备维修、故障、长期停用、无人值守状态下

四、提示标志

提示标志是向人们提供某种信息（如标明安全设施或场所等）的图形标志。提示标志的基本型式是正方形边框，如图 6－1－4 所示。

提示标志基本型式的参数：

边长 $a＝0.025L$；

L 为观察距离（见附录 A）。

提示标志见表 6－1－4。

图 6－1－4　提示标志的基本型式

表 6－1－4　　　　　　　　　　　提　示　标　志

编号	图形标志	名　称	标志种类	设置范围和地点
4－1		紧急出口 Emergent exit	J	便于安全疏散的紧急出口处，与方向箭头结合设在通向紧急出口的通道、楼梯口等处

续表

编号	图形标志	名　称	标志种类	设置范围和地点
4-2		避险处 Haven	J	铁路桥、公路桥、矿井及隧道内躲避危险的地点
4-3		应急避难场所 Evacuation assembly point	H	在发生突发事件时用于容纳危险区域内疏散人员的场所，如：公园、广场等
4-4		可动火区 Flare up region	J	经有关部门划定的可使用明火的地点
4-5		击碎板面 Break to obtain access	J	必须击开板面才能获得出口
4-6		急救点 First aid	J	设置现场急救仪器设备及药品的地点

续表

编号	图形标志	名　称	标志种类	设置范围和地点
4－7		应急电话 Emergency telephone	J	安装应急电话的地点
4－8		紧急医疗站 Doctor	J	有医生的医疗救助场所

提示标志提示目标的位置时要加方向辅助标志。按实际需要指示左向时，辅助标志应放在图形标志的左方；如指示右向时，则应放在图形标志的右方，如图6－1－5所示。

图6－1－5　应用方向辅助标志示例

五、文字辅助标志

文字辅助标志的基本型式是矩形边框，有横写和竖写两种形式。

横写时，文字辅助标志写在标志的下方，可以和标志连在一起，也可以分开。

禁止标志、指令标志为白色字；警告标志为黑色字。禁止标志、指令标志衬底色为标志的颜色，警告标志衬底色为白色，如图6－1－6所示。

竖写时，文字辅助标志写在标志杆的上部。

禁止标志、警告标志、指令标志、提示标志均为白色衬底，黑色字。

标志杆下部色带的颜色应和标志的颜色相一致，如图6－1－7所示。

文字字体均为黑体字。

图 6-1-6　横写的文字辅助标志

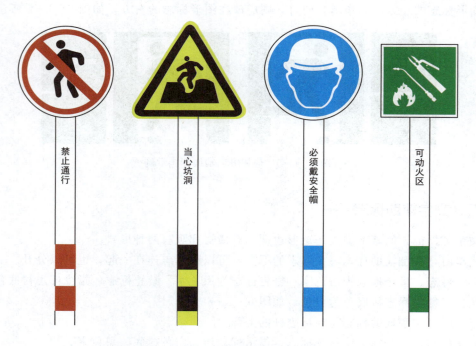

图 6-1-7　竖写在标志杆上部的文字辅助标志

六、激光辐射窗口标志和说明标志

（一）激光辐射窗口标志

（1）激光辐射窗口标志为带说明文字的长方形（图6-1-8），其位置应在紧贴"当心激光"警告标志下边界的正下方。

（2）激光辐射窗口标志说明文字为

激光窗口

避免受到从该窗口出射的

激光辐射

（3）激光辐射窗口标志说明文字应写在激光辐射窗口标志规定的长方形边框中（图6-1-8），文字的位置在激光辐射窗口标志 g_3 尺寸规定的虚线框内。

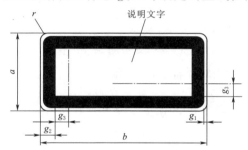

图6-1-8 激光辐射窗口标志的图形与尺寸

a—宽度；b—长度；g_1—衬纸到被衬纸外边的距离；g_2—衬纸到被衬纸内边的距离；g_3—被衬纸的宽度；r—弯角内径（详细长度见表6-1-5）

（4）激光辐射窗口的常用尺寸规格见表6-1-5。

表6-1-5　　　　　　常 用 尺 寸 规 格　　　　　　单位：mm

$a×b$	g_1	g_2	g_3	r	文字的最小字号
26×52	1	4	4	2	
52×105	1.6	5	5	3.2	
74×148	2	6	7.5	4	
100×250	2.5	8	12.5	5	
140×200	2.5	10	10	5	
140×250	2.5	10	12.5	5	文字的最小字号的大小必须能复制清楚
140×400	3	10	20	6	
200×250	3	12	12.5	6	
200×400	3	12	20	6	
250×400	4	15	25	8	

（二）激光产品辐射分类说明标志

激光产品辐射分类说明标志为带说明文字的长方形（图6-1-8），图形、尺寸、文

183

字位置同激光辐射窗口标志的 1～4 项的规定。说明文字的内容必须严格按照不同的辐射分类给予说明。

（1）对可能达到 2 类激光产品辐射分类标志的说明文字为

激光辐射

勿直视激光束

2 类激光产品

（2）对可能达到 3A 类激光产品辐射标志的说明文字为

激光辐射

勿直视或通过光学仪器观察激光束

3A 类激光产品

（3）对可能达到 3B 类激光产品辐射标志的说明文字为

激光辐射

避免激光束照射

3B 类激光产品

（4）对可能达到 4 类激光辐射标志的说明文字为

激光辐射

避免眼或皮肤受到直射和散射照射

4 类激光产品

（5）2 类以上（包括 2 类）激光产品辐射分类标志的说明文字还应标明激光辐射的发射波长、脉冲宽度（如果脉冲激光输出）等信息。这些信息可以写在激光分类的下方或独立写在说明标志规定的长方形边框内。

（6）说明文字中"激光辐射"一词对于波长在 $400～700nm$（可见）范围内的激光辐射注明"可见激光辐射"；对于波长在 $400～700nm$ 范围之外的激光辐射应注明"不可见激光辐射"。

（三）激光辐射场所安全说明标志

激光辐射场所安全说明标志为带说明文字的长方形（图 6 - 1 - 8），图形、尺寸、文字位置同激光辐射窗口标志 1、3、4 项的规定。说明文字的内容按照不同的辐射分类给予相应的说明。

（1）对可能达到 3B 类激光辐射场所说明标志的说明文字为

激光辐射

避免激光束照射

或者（也可同时）采用

激光工作

进入时请戴好防护镜

（2）对可能达到 4 类激光辐射标志的说明文字为

激光辐射

避免眼或皮肤受到直射和散射激光的照射

或者（也可同时）采用

激光工作
未经允许不得入内

（四）激光产品和激光作业场所安全标志的使用

1. 激光产品安全标志的使用

（1）对所有可能达到 2 类的激光产品都必须有激光安全标志。每台设备必须同时具有激光警告标志、激光安全分类说明标志和激光窗口标志，激光产品安全标志使用实例如图6-1-9所示。

图 6-1-9　激光产品安全标志使用实例

（2）激光安全标志的粘贴位置必须是人员不受到超过 1 类辐射就能清楚看到的地方。激光分类说明标志应置于激光警告标志的正下方，激光窗口标志应置于激光出光口的附近（3 类和 4 类激光产品应在所有可能达到 2 类的激光辐射窗口贴上窗口标志）。

（3）若激光产品的尺寸或设计不便于粘贴，应将标志作为附件一起提供给用户。

2. 激光作业场所安全标志的使用

（1）对所有 3B 类和 4 类激光产品工作的场所都必须有激光安全标志。可以单独使用激光警告标志，或者同时使用激光警告标志与激光辐射场所安全分类说明标志，此时激光辐射场所分类说明标志应置于激光警告标志的正下方。

（2）在 3A 类激光产品作为测量、准直、调平使用时的场所应设置激光安全标志。

（3）激光安全标志的装贴位置必须是激光防护区域的明显位置，人员不受到超过 1 类辐射就能够注意到标志并知道所示的内容。在所设标志不能覆盖整个工作区域时，应设置多个标志。

（4）永久性的激光防护区域应在出入口处设置激光安全标志，在由活动挡板、护栏围成的临时防护区除在出入口处必须设置激光安全标志外，还必须在每一块构成防护围栏和隔挡板的可移动部位或检修接头处设置激光安全标志，以防止这些板块分开或接头断开时人员受到有害激光辐射。

第二节 标 识 标 语

一、标识、标牌的主要种类

标识、标牌由公司统一管理，按照公司 CIS《企业形象识别手册》与 ISO 9002《质量体系 程序文件》的要求制作与设置。

（一）"十牌二图"

"十牌"：公司简介牌；工程概况牌；十项安全技术措施牌；安全生产六大纪律牌；防火须知牌；施工进度计划表牌；"警钟长鸣"牌；工地卫生须知牌；员工文明守则牌；安全生产牌。

"二图"：项目管理网络图；施工现场平面布置图。

以上图牌均按中天集团 CS 形象识别手册要求制作、设置。

（二）施工区域安全标志醒目

安全标志有：当心触电；必须戴好安全帽；严禁烟火；禁止通行；当心吊物；必须系安全带；当心落物；安全通道等，分别悬挂于相应位置。

（三）危险区域禁令标志明显

在预留洞口、坑井口、通道口边、危险机械等区域设置明显的禁令标志牌与防护栏，在配电室、电焊气割场所设置明显的禁令标志牌与防火设施（如干砂、灭火器等）。

（四）设备"一机二牌"

本工程所用的所有机械设备均做到"一机二牌"制，即操作规程牌与验收合格牌，并配置"一机一箱一漏一闸一锁"，在箱门内侧设置线路布局图。

"一机"是指一个独立的用电设备如塔吊、混凝土搅拌机、钢筋切断机等；"一箱"是指独立的配电箱；"一闸"是指有明显断开点的电器设备，如断路器；"一漏"是指漏电保护器，但是漏电电流不能大于 30mA，潮湿的地方和容器内漏电电流不能大于 15mA。

（五）文明标语

（1）在进入工地大门时，设置有"施工期间，诸多不便，敬请原谅，谢谢合作！""进入施工现场请戴好安全帽！"等精美的不锈钢文明标牌。在宣传栏内。有美观生动的建筑效果图，并以"今天的目标，明天的现实！"这一响亮的口号激励每一个工人。

（2）在生活区、生产区及施工楼层上，均张挂大幅宣传标语，如"立志××，争创一流！""××建设愿将至美产品奉献给××市人民！"等，以此提高员工的集体主义意识与工作责任感，树立项目部良好的精神风貌。

（3）施工人员挂牌上岗。项目部所有管理人员（包括项目经理）和一线职工（包括后勤）均持证上岗。上岗证由公司按 CIS 形象识别系统—制作、发放。

（六）安全帽分色管理

管理人员戴深黄色；一股职工戴白色；特殊工种戴红色；机修工及安装班组戴蓝色。

二、标识、标牌的规格及设计要求

公告类标识标牌、名称类标识标牌、警示类标识标牌、指引类标识标牌的规格及设计要求分别见表 6-2-1～表 6-2-4。

表 6-2-1　　　　　　　　公告类标识标牌的规格及设计要求

编号	名称	图形	规格	设计要求
GG-01	工程简介牌（有图）		尺寸（mm）：$A \geq 1500$，$B \geq 1000$；$A：B=3：2～16：9$ 颜色：蓝底白字彩图（推荐）	
GG-02	工程简介牌（无图）		尺寸（mm）：$A \geq 1500$，$B \geq 1000$；$A：B=3：2～16：9$ 颜色：蓝底白字彩图（推荐）	水库、水闸、泵站、农村集中供水工程、水电站、水文站设 1 块；堤防、灌区起始点和终点各设 1 块，沿线根据需要设置
GG-03	工程简介和责任人牌		尺寸（mm）：$A \geq 1500$，$B \geq 1000$；$A：B=3：2～16：9$ 颜色：蓝底白字彩图（推荐）	
GG-04	责任人公示牌		尺寸（mm）：$A \geq 1500$，$B \geq 1000$；$A：B=3：2～16：9$ 颜色：蓝底白字彩图（推荐）	水库、水闸、泵站、农村集中供水工程、水电站、水文站设 1 块；堤防、灌区起始点和终点各设 1 块，沿线根据需要设置

编号	名称	图　形	规　格	设计要求
GG-05	法律法规和水文化宣传牌		尺寸（mm）： 横向：$A \geqslant 800$，$B \geqslant 600$； $A : B = 4 : 3 \sim 16 : 9$ 竖向：$A \geqslant 600$，$B \geqslant 800$； $A : B = 3 : 4 \sim 9 : 16$ 颜色：蓝底白字彩图（推荐）	根据需要设置
GG-06	管理和保护范围公示牌（无图）		尺寸（mm）： $A \geqslant 1500$，$B \geqslant 1000$； $A : B = 3 : 2 \sim 16 : 9$ 颜色：蓝底白字彩图（推荐）	水库、水闸、泵站设 1 块；堤防、灌区起始点和终点各设 1 块，沿线根据需要设置
GG-07	管理和保护范围公示牌（有图）		尺寸（mm）： $A \geqslant 1500$，$B \geqslant 1000$； $A : B = 3 : 2 \sim 16 : 9$ 图形标注：应标注主要建筑物、河流、村庄等。 颜色：蓝底白字彩图（推荐）； 管理范围线为红色，保护范围线为蓝色，界桩界牌点为黄色或绿色	水库、水闸、泵站设 1 块；堤防、灌区起始点和终点各设 1 块，沿线根据需要设置
GG-08	界桩		尺寸（mm）： 横截面：$A \times B = 200 \times 200$ 四角切除棱角： 高度 $H = 1000$（有基座）或 1200（无基座） 标注：正面为"严禁移动破坏"6 个汉字，竖排； 背面为中国水利标志和"管理范围界"5 个汉字，竖排； 左面为名称和界桩编号，名称竖排，界桩编号横排；右面为"××人民政府"，竖排。 颜色：白色为底（推荐），中国水利标志和"管理范围界"5 个汉字采用蓝色，其他标注文字均采用红色	水库、堤防、灌区界桩碑设置应符合《江西省河湖划界技术导则》的要求；其他工程根据需要可设置

续表

编号	名称	图 形	规 格	设计要求
GG-09	界牌	××河 管理范围界 ××-××右×××× ××人民政府	尺寸（mm）： 横截面：$A×B=200×200$ 厚度不少于40 标注：正面从上至下依次为：中国水利标志、工程名称、"管理范围界"5个汉字、界桩编号和"××人民政府"；背面采用管理范围和保护范围式样。 颜色：白色为底（推荐），中国水利标志和"管理范围界"5个汉字采用蓝色，其他标注文字均采用红色	
GG-10	制度规程	××制度（规程） 1、 2、 3、 4、 5、 ...... XXX（单位）	尺寸（mm）： $A≥600$，$B≥900$； $A:B=2:3\sim9:16$ 颜色：白底黑字（推荐）	设置在职能办公室、机房、操作间、仓库等醒目位置
GG-11	设施设备责任牌	设备责任牌 设备名称：××× 设备型号：××× 生产厂家：××× 生产厂家联系电话：××× 责任人：××× 联系电话：×××	尺寸（mm）： $A≥200$，$B≥150$； $A:B=3:2\sim4:3$ 颜色：白底黑字（推荐）	设置在主要设备表面或周边醒目位置，与主要设备数量相同

表6-2-2　　　　　　　　名称类标识标牌规格及设计要求

编号	名称	图 形	规 格	设计要求
MC-01	监测设施牌	测点名称 编号XXX	尺寸（mm）： $A≥200$，$B≥100$； $A:B=2:1\sim3:2$ 颜色：蓝底白字（推荐）	设置在工程外部监测设施表面或周边醒目位置，与设施数量相同

189

续表

编号	名称	图　形	规　格	设计要求
MC–02	设备牌（圆形）	启闭机 X	尺寸（mm）： D≥200 颜色：白底红字（推荐）	设置在主要设备表面或周边醒目位置，与主要设备数量相同
MC–03	设备牌（矩形）	主变压器	尺寸（mm）： $A≥200$，$B≥100$； $A：B=2：1～3：2$ 颜色：白底红字（推荐）	
MC–04	监控设施牌	公共安全 视频监控区域 VIDEO	尺寸（mm）： $A≥100$，$B≥200$； $A：B=3：4～2：3$ 颜色：蓝底白字（推荐）	设置在监控设施立杆表面或周边醒目位置，与主要设备数量相同
MC–05	照明设施牌	路　灯 编号XXX	尺寸（mm）： $A≥150$，$B≥100$； $A：B=2：1～3：2$ 颜色：蓝底白字（推荐）	设置在照明立杆表面或周边醒目位置
MC–06	消防设施牌	灭火器	尺寸（mm）： $A≥400$，$B≥300$； $A：B=4：3～1：1$ 颜色：红底白字	设置在监控设施立杆表面或周边醒目位置，与设施数量相同
MC–07	防汛物料牌	防汛物料	尺寸（mm）： $A≥300$，$B≥150$； $A：B=2：1～3：2$ 颜色：蓝底白字（推荐）	设置在防汛物料储料池周边醒目位置

表 6 - 2 - 3　　　　　　　　　　　　警示类标识标牌规格及设计要求

编号	名称	图　形	规　格	设计要求
JS-01	禁止游泳牌		尺寸（mm）： $A \geqslant 200$，$B \geqslant 400$； $A:B = 3:4$ 图形、颜色应符合 GB 2894《安全标志及其使用导则》	设置在工程临水周边易于下水游泳处，数量根据需要设置
JS-02	禁止靠近牌		尺寸（mm）： $A \geqslant 200$，$B \geqslant 400$； $A:B = 3:4$ 图形、颜色应符合 GB 2894《安全标志及其使用导则》	设置在工程悬崖、陡坡、陡坎等危险区域。数量根据需要设置
JS-03	禁止垂钓牌		尺寸（mm）： $A \geqslant 200$，$B \geqslant 400$； $A:B = 3:4$ 图形、颜色应符合 GB 2894《安全标志及其使用导则》	设置在建筑物临水处，数量根据需要设置
JS-04	禁止翻越牌		尺寸（mm）： $A \geqslant 200$，$B \geqslant 400$； $A:B = 3:4$ 图形、颜色应符合 GB 2894《安全标志及其使用导则》	设置在工程周边设有防护栏、防护网等部位，数量根据需要设置
JS-05	水深危险牌		尺寸（mm）： $A \geqslant 400$，$B \geqslant 300$； $A:B = 4:3$ 颜色：白底红字（推荐）	设置在易发生溺水事故的部位，数量根据需要设置

续表

编号	名称	图 形	规 格	设计要求
JS-06	高压危险牌		尺寸（mm）： A≥400，B≥300； A∶B=4∶3 颜色：白底红字（推荐）	设置在高压线、输变电设备等处，数量根据需要设置
JS-07	当心落水牌		尺寸（mm）： A≥300，B≥400 A∶B=3∶4 图形、颜色应符合 GB 2894《安全标志及其使用导则》	设置在工程周边落水后易产生溺水事故的场所或部位，数量根据需要设置
JS-08	当心塌方牌		尺寸（mm）： A≥300，B≥400 A∶B=3∶4 图形、颜色应符合 GB 2894《安全标志及其使用导则》	设置在工程周边易发生塌方危险的场所或部位，数量根据需要设置
JS-09	当心触电牌		尺寸（mm）： A≥300，B≥400 A∶B=3∶4 图形、颜色应符合 GB 2894《安全标志及其使用导则》	设置在有触电危险的设备和线路附近，如：配电箱（柜）、开关箱（柜）、变压器等处，数量根据需要设置
JS-10	注意安全牌		尺寸（mm）： A≥300，B≥400 A∶B=3∶4 图形、颜色应符合 GB 2894《安全标志及其使用导则》	设置在易造成人员伤害的场所及设备处，数量根据需要设置

续表

编号	名称	图 形	规 格	设计要求
JS－11	警示标线		尺寸（mm）： 户外线宽 $B \geqslant 100$ 室内线宽 $B \geqslant 50$ 颜色：黄黑相间（推荐）	设置在易造成人员伤害的场所及设备处，数量根据需要设置

表 6－2－4   指引类标识标牌规格及设计要求

编号	名称	图 形	规 格	设计要求
ZY－01	巡视路线牌	巡视线路	尺寸（mm）： $A \geqslant 200$，$B \geqslant 400$； $A : B = 1 : 2 \sim 2 : 3$ 颜色：绿底白字（推荐）	设置在巡查经过的路面上，每隔 20～30m 设置 1 个
ZY－02	巡视点牌	巡视点	尺寸（mm）： $A \geqslant 200$ 颜色：绿底白字（推荐）	设置在巡查经过的路面上需驻足仔细查看的关键部位，数量根据需要设置
ZY－03	管路场所流向牌	压力油 无压回油 供水 排水	尺寸、图形、颜色应符合 GB 7231《工业管路的基本识别色和识别符号》	设置在管道表面，数量根据需要设置

附录 A 安全标志牌的尺寸（规范性附录）

型号	观察距离 L	圆形标志的外径	三角形标志的外边长	正方形标志的边长
1	0＜L≤2.5	0.070	0.088	0.063
2	2.5＜L≤4.0	0.110	0.1420	0.100
3	4.0＜L≤6.3	0.175	0.220	0.160
4	6.3＜L≤10.0	0.280	0.350	0.250
5	10.0＜L≤16.0	0.450	0.560	0.400
6	16.0＜L≤25.0	0.700	0.880	0.630
7	25.0＜L≤40.0	1.110	1.400	1.000

注 允许有 3％的误差。

附录 B 激光辐射警告标志的尺寸（规范性附录）

激光辐射警告标志的图形与尺寸如图 B-1 所示，常用尺寸规格见表 B-1。

图 B-1 激光辐射警告标志的图形与尺寸

表 B-1   常 用 尺 寸 规 格   单位：mm

a	g_1	g_2	r	D_1	D_2	D_3	d
25	0.5	1.5	1.25	10.5	7	3.5	0.5
50	1	3	2.5	21	14	7	1
100	2	6	5	42	28	14	2
150	3	9	7.5	63	42	21	3
200	4	12	10	84	56	28	4
400	8	24	20	168	112	56	8
600	12	36	30	252	168	84	12

注 1. 尺寸 D_1、D_2、D_3、g_1 和 d 是推荐值。

  2. 能够理解标记的最大距离 L 与最小面积 A 之间的关系由公式给出：$A=L^2/2000$，式中 A 和 L 分别用 m^2 和 m 表示。这个公式适用于 L 小于 50m 的情况。

  3. 这些尺寸都是推荐值。只要与这些推荐值成比例，符号和边界清晰易读，并与激光产品要求的尺寸相符合。